"十四五"时期国家重点出版物出版专项规划项目

鲲鹏技术丛书

丛书总主编

郑骏 林新华

openEuler

系统管理

华为技术有限公司 ◎ 组编

王飞 吴苑斌 ◎ 主编

张继发 张健 杨金锋 傅连仲 向科 ◎ 副主编

人民邮电出版社

北 京

图书在版编目（CIP）数据

openEuler 系统管理 / 华为技术有限公司组编；王
飞主编；吴苑斌主编. -- 北京 : 人民邮电出版社,
2024. --（鲲鹏技术丛书）. -- ISBN 978-7-115-64826-
6

Ⅰ. TP316.85

中国国家版本馆 CIP 数据核字第 2024L4N591 号

内 容 提 要

本书详细介绍 openEuler 的基本概念和基础操作。全书共 11 章，分别为绪论、认识 openEuler、Shell 介绍与基础操作、用户与用户组、磁盘与逻辑卷管理、Shell 脚本编程基础、软件管理、系统启动与进程管理、网络管理、虚拟化技术，以及容器技术。

本书可帮助读者了解和熟悉 openEuler 的相关技术及应用，适合 IT 及相关行业的专业技术人员阅读，也适合作为应用型本科院校和职业院校的计算机网络技术专业或云计算相关专业的教材。

- ◆ 组　　编　华为技术有限公司
  - 主　　编　王　飞　吴苑斌
  - 副主编　张继发　张　健　杨金锋　傅连仲　向　科
  - 责任编辑　蒋　慧　初美呈
  - 责任印制　王　郁　焦志炜
- ◆ 人民邮电出版社出版发行　　北京市丰台区成寿寺路 11 号
  - 邮编　100164　电子邮件　315@ptpress.com.cn
  - 网址　https://www.ptpress.com.cn
  - 大厂回族自治县聚鑫印刷有限责任公司印刷
- ◆ 开本：787×1092　1/16
  - 印张：13.5　　　　　　　　2024 年 12 月第 1 版
  - 字数：334 千字　　　　　　2024 年 12 月河北第 1 次印刷

定价：59.80 元

读者服务热线：(010)81055256　印装质量热线：(010)81055316
反盗版热线：(010)81055315
广告经营许可证：京东市监广登字 20170147 号

前　言

"鲲鹏技术丛书"

《逍遥游》中有句："北冥有鱼，其名为鲲。鲲之大，不知其几千里也。化而为鸟，其名为鹏。鹏之背，不知其几千里也。怒而飞，其翼若垂天之云。是鸟也，海运则将徙于南冥。"华为技术有限公司（以下简称华为）选用"鲲鹏"为名，有狭义和广义之别。狭义的"鲲鹏"是指鲲鹏系列芯片，而广义的"鲲鹏"则指代范围很广，涵盖华为计算产品线的全部产品，包括鲲鹏系列芯片、昇腾系列 AI 处理器、鲲鹏云计算服务、openEuler 操作系统等。

"鲲鹏技术丛书"是"十四五"国家重点出版物出版规划图书。基于国产基础设施的应用迁移是实现信息技术领域的自主可控和保障国家信息安全的关键方法之一。本丛书正是在上述背景下创作的。本丛书结合计算机领域的专业知识、国产技术平台和产业实践项目，通过核心理论与项目实践，培养读者扎实的专业能力和突出的实践应用能力。随着"数字化、智能化时代"的到来，应用型人才的培养关乎国家重大技术问题的解决及社会经济的发展，因此以创新应用为导向，培养应用型、复合型、创新型人才成为应用型本科院校与高等职业院校的核心目标。本丛书将华为技术与产品平台用于计算机相关专业课程的教学，实现以科学理论为指导，以业界真实项目和应用为抓手，推进课程、实训相结合的教学改革。

本丛书共 4 册：第 1 册《鲲鹏智能计算导论》、第 2 册《openEuler 系统管理》、第 3 册《华为云计算技术与应用》和第 4 册《鲲鹏应用开发与迁移》。

本书目标

本书是"鲲鹏技术丛书"的第 2 册，详细介绍 openEuler 的基本概念和基础操作。本书以具体应用为案例，以实践内容为特色，适合 IT 及相关行业的专业技术人员阅读，同时也适合作为应用型本科院校与高等职业院校的教材使用。

配套资料

本书的相关配套资料可以在人邮教育社区（www.ryjiaoyu.com）下载。

编写团队

本书由华为技术有限公司组编，编写团队由浙江华为通信技术有限公司的技术专家和从事相关领域研究的高校专家学者组成，团队成员发挥各自的优势，确保了本书内容具有良好的实践性、应用性与科学性。

本书的编写团队成员包括丛书总主编郑骏、林新华，主编王飞、吴苑斌，副主编张继发、张健、杨金锋、傅连仲、向科，以及浙江华为通信技术有限公司的技术专家朱荣民、肖卓夫、董蔚然。

由于编者水平有限，书中不足之处在所难免，敬请读者海涵并不吝指正。

编者

2024 年 2 月

目　录

第1章
绪论

学习目标

- 了解核心技术国产化的必要性。
- 了解 openEuler 操作系统的起源与发展。
- 熟悉 openEuler 社区。

操作系统（Operating System，OS）是现代 IT 系统中最为基础也最为核心的软件系统。大到航空航天、国防安全，小到智能家居，各式各样的操作系统应用在各种领域中。本章将引领读者走进开源 openEuler 操作系统的世界。

1.1 操作系统的应用与发展现状

操作系统是各类硬件设备的"灵魂"，各种应用软件均需要运行在操作系统之上。随着 IT 的发展和智能设备的普及，操作系统已经融入现代生产和生活的方方面面。

1.1.1 操作系统应用现状

从智能手表到智能手机，从平板计算机、笔记本计算机到台式计算机，人们每天频繁地使用其中的应用满足自己日常生活、工作中的需求。在 IT 基础设施方面，如在云计算环境下，操作系统主要集中在服务器层面，目前全球服务器的操作系统主要为各种国外厂商的 Linux 发行版。

随着应用技术的发展，在不同的应用环境中，人们对算力和应用的需求不断增加，操作系统作为重要的基础软件平台，发挥着不可替代的基础支撑作用。

当前主流的服务器端 Linux 操作系统主要分为社区发行版和商业发行版两大类。社区发行版常见的有 CentOS、Ubuntu、openEuler 等，商用发行版常见的有 RHEL（Red Hat Enterprise Linux，红帽企业 Linux）、UOS（Unity Operating System，统一操作系统）、麒麟等。在上述操作系统中，RHEL 是商用发行版 Linux 操作系统中使用占比较高的操作系统，CentOS 是社区发行版 Linux 操作系统中使用占比较高的操作系统。

1.1.2 国产操作系统发展现状

由于起步晚、基础弱，我国操作系统长期处于跟随状态。在主机计算时代，我国操作系统主要任务是面向国家战略，填补系统软件方面的空白，自力更生，为国产计算机提供配套的软件环境。从个人计算时代开始，国际上的操作系统从专用化走向通用化，并开启了商业化之路；市场上主流操作系统在全世界范围内形成了主导和垄断之势，极大地影响了我国操作系统的发展。改革开放后，我国操作系统的发展逐渐和国际主流接轨，不断学习国际主流商业并开源的操作系统，走兼容创新之路：20世纪90年代之前，我国操作系统主要参考UNIX；进入21世纪后，开始基于开源Linux操作系统内核进行深度定制和二次开发。

推动国产操作系统产业自主创新，不仅事关IT竞争力，更关乎国家信息安全。我国数字经济和信息软件产业的蓬勃发展、巨大的国内市场容量与高层次开放型经济体的逐渐形成，为企业研发自主操作系统提供了强大动力。

近年来，我国的企业IT市场开源、国产化等一系列重大变革，促进了传统操作系统厂商的技术升级和对市场转型的新一轮思考，国产操作系统正在从"从无到有"向"从弱到强"转变。其中，以openEuler为代表的国产开源操作系统正在强势崛起。

1.2 openEuler 的起源与发展

openEuler 是一款国产开源操作系统。当前 openEuler 内核源自 Linux，支持鲲鹏及其他多种处理器，能够充分释放计算芯片的潜能，是由全球开源贡献者开发的高效、稳定、安全的开源操作系统，适用于数据库、大数据、云计算、人工智能等应用场景。同时，openEuler 社区是一个面向全球的操作系统开源社区，致力于通过社区合作打造创新平台，构建支持多处理器的架构、统一和开放的操作系统，推动软硬件应用生态繁荣发展。

1.2.1 openEuler 的起源

2010 年，华为公司内部的"高性能计算项目"立项成功后，华为公司开始研发自有操作系统，并将其命名为 EulerOS。在随后的几年里，华为公司的核心交换机、存储控制器、云计算平台等都逐步将操作系统更换为 EulerOS，EulerOS 支撑着全球两百多个国家和地区中数以万计的企业应用的高效、稳定运行。

2019 年，因受到国外技术限制，我国开始大力发展国产科学计算软件产业。华为公司的 EulerOS 开发团队基于鲲鹏 920 处理器的功能参数，深度优化了 EulerOS，并决定将其开源。同年 9 月，华为公司正式宣布 EulerOS 开源，将开源后的操作系统命名为 openEuler，并成立国内开源社区 openEuler，由社区运营 openEuler 操作系统。目前，openEuler 已经支持鲲鹏、x86、RISC-V 等多种处理器架构。

1.2.2 openEuler 的发展

2021 年，openEuler 社区正式将 openEuler 操作系统捐赠给开放原子开源基金会，由开放原子开源基金会孵化及运营 openEuler 开源项目。任何人、任何组织都可以自由、免费地下载并使用 openEuler 源码。

openEuler 通过开放的社区形式与全球开发者共同构建开放、多元和架构包容的软件生态体系，支持多种处理器架构、覆盖数字设施全场景，推动企业数字基础设施软硬件、应用生态繁荣发展。

openEuler 社区的成立，在很大程度上促进了 openEuler 生态的发展。至今已有近万名来自不同企业的开发者和自由开发者为 openEuler 的发展贡献力量，助力 openEuler 不断成长。麒麟、统信、SUSE 等越来越多的国内外厂商将其新发布的操作系统内核更换为 openEuler。截至 2021 年，我国政府部门中有约 35.2%的服务器使用了 openEuler 操作系统；在运营商、金融、能源等行业中，openEuler 操作系统的使用占比都超过了 20%；在新部署的服务器操作系统中，openEuler 占比最高。可见，openEuler 操作系统为国内外很多数据中心提供了可靠的选择。

1.3 本书内容安排

本书是"鲲鹏技术丛书"中的第 2 册，详细介绍 openEuler 的基本概念和基础操作。全书共 11 章：第 1 章"绪论"，作为本书的引入，介绍 openEuler 的起源与发展等；第 2 章"认识 openEuler"，介绍操作系统的基本概念和 openEuler 的安装方法；第 3 章"Shell 介绍与基础操作"，介绍 Linux 通用的基础命令及其用法；第 4 章"用户与用户组"，介绍 openEuler 中用户与用户组的基本概念，以及相关权限的管理；第 5 章"磁盘与逻辑卷管理"，介绍存储介质的基本概念、文件系统以及逻辑卷的管理；第 6 章"Shell 脚本编程基础"，介绍 bash Shell 的基础语法和案例；第 7 章"软件管理"，介绍 openEuler 软件包的安装、升级、卸载、查询的方法；第 8 章"系统启动与进程管理"，介绍进程和任务的管理方法；第 9 章"网络管理"，介绍网络的基本概念，以及 openEuler 中网卡、网关、路由和 DNS 的基础配置方法；第 10 章"虚拟化技术"，介绍虚拟化的相关概念和原理，以及 openEuler 如何创建和管理虚拟机；第 11 章"容器技术"，介绍容器的基本概念、openEuler 自有的 iSula 容器与 Docker 容器的安装配置和管理。

本书基本采用理论和实践相结合的方式介绍相关知识，并在第 2 章～第 11 章后都留有相应练习。本书的难度和知识范围参考：HCIA-openEuler 和 HCIP-openEuler。

第2章
认识openEuler

02

学习目标

- 了解操作系统的概念。
- 了解 Linux 操作系统的发展史。
- 了解 openEuler 操作系统的整体架构。
- 掌握 openEuler 操作系统的安装步骤。

openEuler 是一个多架构、开源、企业级的操作系统，致力于推动开源技术的发展和应用，为用户提供一个稳定、安全、灵活的计算平台。openEuler 操作系统的推出，意味着我国将迎来全面自主可控的国产操作系统时代。

2.1 Linux 与 openEuler

操作系统即操作计算机的系统，是控制和管理整个计算机的硬件和软件资源，并合理地组织、调度计算机的工作和资源，以给用户和其他软件提供方便的接口和环境的程序集合。操作系统是计算机系统中最基本且最核心的系统软件。

操作系统一般位于裸机（硬件）和应用程序（软件）之间，如图 2-1 所示。它作为计算机硬件之上的第一层软件，为上层的软件提供了良好的应用环境，并且让底层的硬件资源高效协作，完成特定的计算任务。由于它具有良好的交互性，用户能够通过操作界面以非常简单的方式对计算机进行操作。

图 2-1　操作系统层次

操作系统有不同的分类和应用场景。如服务器常用 Linux、Windows Server 操作系统，个人计算机常用 macOS、Windows 操作系统，移动端常用 iOS、Android 等操作系统。

2.1.1　操作系统核心功能

操作系统用于管理和控制计算机中的所有硬件和软件资源，合理、高效地组织计算机的工作流程，并为用户提供工作环境和交互接口。它具有进程管理、内存管理、文件管理、硬件驱动管理、接口管理五大核心功能。

1. 进程管理

计算机系统采用多道程序技术，允许多个程序并发执行，共享系统资源。为了描述并发执行的程序的动态特性并控制其活动状态，操作系统抽象出了"进程"这一概念，将进程作为描述程序执行过程且能共享资源的基本单位。操作系统为进程分配合理的硬件资源，控制进程状态的转换，完成计算机并发任务的执行。

如何让不同进程合理共享硬件资源呢？操作系统需要保持对硬件资源的管理。操作系统通过系统调用向进程提供服务接口，限制进程对硬件资源的直接操作。如果需要执行受限操作，进程只能调用系统接口，向操作系统传达服务请求，并将 CPU 控制权移交给操作系统。操作系统接收到请求后，再调用相应的处理程序完成进程所请求的服务。

如何实现多个进程的并发执行呢？各进程需要以时分复用的方式共享 CPU。这意味着操作系统应该支持进程切换：在一个进程占用 CPU 一段时间后，操作系统应该停止该进程的执行并选择下一个进程来占用 CPU。为了避免恶意进程一直占用 CPU，操作系统利用时钟中断，每隔一个时钟中断周期就中断当前进程的执行，以实现进程切换。

如图 2-2 所示，虽然 CPU 在同一时刻只能执行一个进程，但是可以将 CPU 的使用权在恰当的时间段分配给不同的进程，使多个进程看起来是同时执行的。CPU 的执行速度极快，进程切换的时间也极短，因此用户通常无法感知到进程的切换。

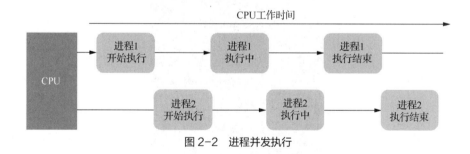

图 2-2　进程并发执行

2. 内存管理

系统中的程序和代码在被 CPU 调度执行之前需要先加载到内存中。所以当多个进程并发执行时，所有的并发进程都需要被加载进内存中，内存成为影响操作系统性能的关键因素。操作系统的内存管理主要用于解决并发进程的内存共享问题，通过虚拟内存、分页机制、利用外存对物理内存进行扩充等技术提高内存利用率和内存寻址效率。

因此，内存管理的主要任务包括以下 3 个方面。

（1）内存空间的分配与回收。操作系统完成对应用程序内存空间的分配和管理，并在应用程序执行完成后回收分配的内存空间。

（2）虚拟地址到物理地址的映射。如图 2-3 所示，在多程序的环境下，程序中的虚拟地址与内存中的物理地址通常不一致，因此操作系统需要协助硬件实现虚拟地址到物理地址的映射。

（3）内存空间的扩展。当应用程序使用的内存空间超出物理内存容量时，操作系统可将内存和外存联合，利用外存为用户提供一个比实际物理内存更大的虚拟内存空间。

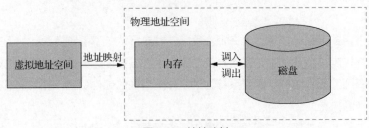

图 2-3　地址映射

3. 文件管理

虽然内存为系统提供了快速访问数据的能力，但因为内存的容量较为有限，一旦断电，保存在其中的数据就会丢失。因此计算机通常还需要采用磁盘等外存来持久化存储数据。为了简化外存的使用，操作系统将磁盘等外存抽象成文件（File）和目录（Directory），并使用文件系统（File System）管理它们，如图 2-4 所示。操作系统可以支持多种文件系统，如 Ext4、FAT32、NTFS（New Technology File System，新技术文件系统）等，用户或应用程序通过文件系统可以方便地完成 I/O（Input/Output，输入输出）操作，输入、输出磁盘中的数据，实现持久化的数据存储，同时实现对文件存储空间的管理、目录的管理和文件读写的管理及保护。

图 2-4　文件系统目录

4. 硬件驱动管理

操作系统作为用户与底层硬件交互的媒介，负责管理计算机的各类输入输出设备。通过可加载模块功能，操作系统将驱动程序组织成模块，以识别底层硬件，让上层应用程序能够使用这些输入输出设备。因此，操作系统为硬件厂商提供了开发接口，以便开发商制作相应的驱动程序，并在获取到硬件资源后，完成设备分配和控制的任务。当用户使用外部设备时，需向应用程序提出请求，等待操作系统统一分配后才能使用。此外，操作系统还负责管理输入输出设备的数据缓冲区，用以缓解 CPU 与输入输出设备之间读写速度不匹配的情况，以便用户能够顺利使用各种设备，并提高设备的利用率。

5. 接口管理

操作系统为用户提供了可交互的环境，使用户使用计算机时更轻松。一般来说，用户与操作系统的交互接口可分为命令接口和 API（Application Programming Interface，应用程序接口）两种。

命令接口指用户通过输入设备或在作业中发出一系列指令，传达给计算机，使计算机按照指令执行任务。常见的命令接口有两种：一是 CLI（Command Line Interface，命令行界面），其用户界面以字符形式呈现，使用键盘输入命令、选项和参数来操作程序，追求高效性。另一种是 GUI（Graphical User Interface，图形用户界面），其用户界面中的所有元素都以图形形式展现，主要使用鼠标进行交互，利用按钮、菜单、对话框等进行操作，追求易用性。

API 主要由系统调用组成，每个系统调用都对应一个在内核中实现的子程序，能够完成特定功能。通过这类接口，应用程序可以访问系统中的资源并利用操作系统内核提供的服务。

2.1.2　Linux 操作系统发展史

Linux 操作系统被广泛地应用在企业服务器中，注重稳定性和性能。Linux 操作系统可以追溯到 UNIX 系统。

1965 年，美国贝尔实验室、麻省理工学院以及通用电气公司准备联合研究一个名为 MULTICS（MULTiplexed Information and Computing System，多路信息计算系统）的项目。这是一个分时多任务处理系统，旨在支持多使用者同时使用。但是由于多方面的因素，1969 年贝尔实验室退出了该项目。MULTICS 项目受到很大的重视，它提出了很多新的概念，比如层次文件系统、Shell 和进程等概念，几乎所有现代操作系统都受益于这些概念。

1970 年，即贝尔实验室退出 MULTICS 项目一年后，曾参与 MULTICS 项目的实验室研究人员肯·汤普森（Ken Thompson）和丹尼斯·里奇（Dennis Ritchie）等从 MULTICS 中获得灵感，用汇编语言写了一个小型的操作系统，用来运行原本在 MULTICS 上运行的游戏。由于这个系统是 MULTICS 的"删减版"，因此被命名为"UNiplexed Information and Computing System"（非复用信息和计算机系统），缩写为"UNICS"，后又被重新命名为 UNIX。因此，1970 年被定义为 UNIX 元年。1973 年左右，汤普森和里奇用 C 语言重写了 UNIX，并于 1974 年正式对外发布。UNIX 是一款支持多用户、多任务的分时操作系统。UNIX 起初是免费的，其安全高效、可移植的特点使其在服务器领域得到了广泛的应用。

1982 年，由于 UNIX 的开发公司 AT&T 被拆分，UNIX 操作系统转变为商业应用。各大型硬件公司纷纷开发出许多不同的 UNIX 版本。为了打破 UNIX 封闭生态的限制，理查德·M.斯托尔曼（Richard M.Stallman）在 1983 年发起了一项名为 GNU（GNU's Not UNIX，GNU 并非 UNIX）的国际性的源码开放计划，并创立了 FSF（Free Software Foundation，自由软件基金会）。GNU 的发起对推动 UNIX 操作系统以及后面的 Linux 操作系统的发展起到了积极的作用。1985 年，为了避免

GNU 所开发的自由软件被其他人利用而成为专利软件，斯托尔曼发布了 GPL（General Public License，通用公共许可证）。

1987 年，荷兰计算机科学家安德鲁·塔能鲍姆（Andrew S.Tanenbaum）开发了 MINIX，它是一个小型的类 UNIX 操作系统，旨在作为操作系统教学和学术研究的工具。MINIX 的设计受到了 UNIX 操作系统的启发，并试图实现一个简单、易于理解的操作系统内核。

1991 年，芬兰赫尔辛基大学的学生莱纳斯·托瓦兹（Linus Torvalds）基于 MINIX 操作系统开发了一个新的操作系统内核，他为该操作系统内核取名为 Linux 并将其开源。与此同时，托瓦兹呼吁其他程序员共同改进这个尚处于雏形的内核。之后，全球各地的程序员们与托瓦兹一起加入开发 Linux 的行列中，为 Linux 添加了许多新特性，比如改进的文件系统、对网络的支持、设备驱动程序以及对多处理器的支持等。1994 年，开发者们发布了 Linux 1.0 内核。

在 Linux 内核发布前，GNU 已经完成了包括 Emacs 编辑器、GCC（GNU Compiler Collection，GNU 编译器集合）、GLIBC（GNU CLibrary，GNUC 库）、GDB（GNU Debugger，GNU 调试器）、bash Shell 和图形用户界面等系统软件的开发，但缺少操作系统内核。而 Linux 内核只包含最基本的硬件抽象和管理功能，没有其他系统软件。因此，同样支持开源的 Linux 与 GNU 中的系统软件自然地结合到了一起。目前，绝大多数基于 Linux 内核的操作系统都使用了 GNU 中的系统软件。

Linux 发行版是指包括 Linux 内核和一些系统软件以及实用程序的套件。当前 Linux 发行版众多，它们的不同之处在于所支持的硬件设备以及软件包配置。图 2-5 展示了较为主流的 Linux 发行版，如 Red Hat、SUSE、CentOS、Ubuntu、Fedora 等的发展历程。Linux 的发行版分为商业发行版和社区发行版，商业发行版以 Red Hat Linux 为代表，由商业公司维护，提供如升级补丁等收费服务；社区发行版由社区组织维护，一般开源，如 CentOS、openEuler 等。

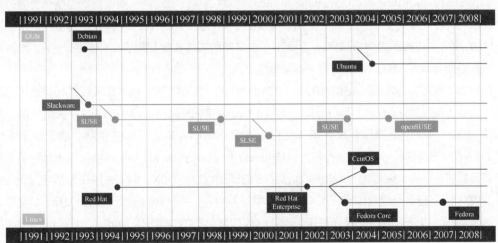

图 2-5　主流 Linux 发行版的发展历程

Linux 的内核版本可以访问 https://www.kernel.org 进行查看和下载。Linux 内核版本号一般由 3 个数字组成：第一个数字代表目前发布的内核主版本；第二个数字若是偶数，表示稳定版本，奇数则表示开发中的版本；第三个数字代表错误修补的次数。如 openEuler 20.03 LTS（Long Term Support，长期支持）内核版本号为 4.19.90，表明这是一个开发中的内核版本，主版本为 4，修补次数为 90 次。

2.1.3　openEuler 操作系统介绍

　　openEuler 是一个开源的 Linux 发行版操作系统，其致力于通过开放的社区形式，与全球的开发者共同构建一个开放、多元和架构包容的软件生态体系。openEuler 的前身是运行在华为公司通用服务器上的操作系统 EulerOS。EulerOS 是一款基于 Linux 内核的商业操作系统，支持 x86 和 ARM（Advanced RISC Machine，高级精简指令集机器）等多种处理器架构。在近 10 年的发展历程中，EulerOS 始终以安全、稳定、高效为目标，成功支持了华为的各种产品和解决方案，成为国际上颇具影响力的操作系统。EulerOS 与 openEuler 的关系如图 2-6 所示。

图 2-6　EulerOS 与 openEuler 的关系

　　随着云计算的兴起和华为云的快速发展，服务器操作系统越来越重要，这极大推动了 EulerOS 的发展。另外，伴随着华为公司鲲鹏芯片的研发，EulerOS 成为与鲲鹏处理器配套的软件基础设施。为了推动 EulerOS 和鲲鹏生态的持续快速发展，繁荣国内和全球的计算产业，2019 年底，EulerOS 被正式贡献至开源社区，并更名为 openEuler。所有个人开发者、企业和商业组织都可以使用 openEuler 社区版本，也可以基于 openEuler 社区版本发布自己二次开发的操作系统版本。基于 EulerOS 多年的技术积累，在开源社区的支持下，openEuler 已经在计算、通信、云、人工智能、教育等领域表现出了强大的活力。

　　openEuler 的整体架构如图 2-7 所示。一方面，作为一款通用服务器操作系统，openEuler 具有通用的系统架构，其中包括内存管理子系统、进程管理子系统、文件系统、网络子系统、设备管理子系统和虚拟化与容器子系统等。另一方面，openEuler 为了充分发挥鲲鹏处理器的优势，在以下 5 个方面做了增强处理。

　　（1）多核调度技术：面对从多核到众核的硬件发展方向，openEuler 致力于提供一种自上而下的 NUMA（Non-Uniform Memory Access，非统一内存访问）的架构，提升多核调度性能。当前，openEuler 已在内核中支持免锁优化、分解数据结构以提高并发性、NUMA aware I/O 等特性，增加内核层面的并发度，提升整体系统性能。

　　（2）软硬件协同：提供 KAE（Kunpeng Accelerator Engine，鲲鹏加速引擎），使鲲鹏硬件结合 OpenSSL 库与鲲鹏硬件加速能力，在无须修改业务代码的情况下，显著提升加解密性能。

　　（3）轻量级虚拟化：iSula 轻量级容器全场景解决方案提供从云到端的容器管理功能，同时集成 Kata 开源方案，显著提升容器隔离性。

　　（4）指令级优化：优化了 OpenJDK 内存回收、函数内联化和弱内存序指令增强等方法，提升运行时性能；另外也优化了 GCC，使代码在编译时充分利用处理器流水线。

（5）智能优化引擎：增加了操作系统配置参数智能优化引擎 A-Tune。A-Tune 能动态识别业务场景，智能匹配对应系统模型，使应用运行在最佳系统配置下，提升业务性能。伴随着人工智能技术的发展，操作系统融入人工智能元素成为一种明显趋势。

图 2-7 openEuler 的整体架构

2.1.4 openEuler 的发行版

openEuler 社区发行版分为创新版和 LTS 版两种。创新版适用于客户的创新项目和方案验证，通常每半年发布一个新的版本，集成了 openEuler 以及其他社区最新技术，如 openEuler 20.09。openEuler LTS 版在创新版的基础上提供长生命周期管理功能，具有可靠性和兼容性、项目性能可维护的特点，适用于商业，如 openEuler 20.03 LTS。本书也将基于该版本的 openEuler 操作系统进行介绍。

openEuler 版本号计数规则变更为以年月为版本号，以便用户了解版本发布时间，例如 openEuler 20.03 表示发布时间为 2020 年 3 月。

当前已有超过 300 家企业加入 openEuler 产业生态，openEuler 产业生态汇聚了从处理器、整机，到基础软件、应用软件、行业客户等全产业链伙伴。

除了社区发行版外，openEuler 操作系统还包含商业发行版及用户自用版，麒麟、麒麟信安、统信等企业已基于 openEuler 开源生态打造各自的商业发行版；而具备自开发、自维护能力的客户，如联通、电信、百度、银联等，也已基于 LTS 版开发用户自用版。

2.2 安装 openEuler 操作系统

本节主要介绍如何安装 openEuler 操作系统。在安装开始前，需要先登录 openEuler 开源社区官网获取 openEuler 的发布包和校验文件。发布包是指一版完整的 openEuler 操作系统，包括标准应用程序、系统工具等，以及特定版本的内核和软件仓库。openEuler 团队定期发布一版完整的操作系统，通常带有一个特定的版本号，例如 openEuler 20.09。

每个 openEuler 发行版都提供 3 个版本的 ISO 系统镜像包。

- aarch64：AArch64 架构的 ISO 系统镜像包。
- x86_64：x86_64 架构的 ISO 系统镜像包。
- source：openEuler 源码 ISO 系统镜像包。

镜像包是发布包的一种形式，通常以镜像文件的形式分发。镜像文件是一个包含了完整操作系统的二进制数据的文件，可以用于安装或部署 openEuler 操作系统，它可以是 ISO 镜像、虚拟机镜像（如 qcow2、vmdk 等）、容器镜像等，不同形式的镜像文件适用于不同的部署场景和平台。

为了防止镜像包在传输过程中出现不完整的情况，在获取到镜像包后，建议对其完整性进行校验，镜像包通过校验后才能部署。可以通过对比校验文件中记录的校验值和以手动方式计算 ISO 镜像包校验值的方式，判断镜像包是否完整。

【示例 2-1】

```
#验证 openEuler aarch64 的 ISO 镜像包
#步骤一
[root@openEuler ~]# cat openEuler-20.03-LTS-aarch64-dvd.iso.sha256sum
#步骤二
[root@openEuler ~]# sha256sum openEuler-20.03-LTS-aarch64-dvd.iso
#步骤三 比较前两个步骤中产生的校验值是否一致。若两个值一致，说明 ISO 镜像包完整；否则，ISO 镜像包的完整性被破坏，需重新获取发布包。
```

2.2.1 openEuler 安装环境

openEuler 操作系统支持在物理机和虚拟机上安装，对二者有相应的安装要求。

1. 物理机安装要求

如果需要在物理机中安装 openEuler 操作系统，则需要满足一定的最小硬件要求，如表 2-1 所示。

表 2-1 物理机安装 openEuler 的最小硬件要求

部件名称	硬件要求	说明
架构	AArch64、x86_64	支持 ARM 的 64 位架构、支持 Intel 的 x86_64 位架构
CPU	华为鲲鹏 920 处理器、x86 处理器等	
内存	不小于 4GB	
磁盘	建议不小于 120GB	支持 IDE（Integrated Drive Electronics，集成驱动电路）、SATA（Serial Advanced Technology Attachment，串行先进技术总线附属）、SAS（Serial Attached SCSI，串行连接 SCSI）等接口的磁盘

2. 虚拟机安装要求

如果需要在虚拟机中安装 openEuler 操作系统，则需要满足表 2-2 所示的最小虚拟化资源要求。

安装 openEuler 时，应注意虚拟化平台的兼容性，openEuler 当前已支持的虚拟化平台有 openEuler 自有的虚拟化组件[HostOS 为 openEuler，虚拟化组件为发布包中的 QEMU 和 KVM（Kernel-based Virtual Machine，基于内核的虚拟机）]创建的虚拟化平台、华为公有云的 x86 虚拟化平台等。

表 2-2　最小虚拟化资源要求

部件名称	最小虚拟化资源要求
架构	AArch64、x86_64
CPU	2 个 CPU
内存	不小于 4GB
磁盘	不小于 32GB

2.2.2　安装 openEuler

openEuler 操作系统有多种安装方式，如通过光盘安装、通过 USB（Universal Serial Bus，通用串行总线）安装、使用 PXE（Preboot Execution Environment，预启动执行环境）通过网络安装、通过 qcow2 镜像安装、通过私有镜像安装等。这些方式的区别在于启动安装时的引导方式不同，具体可参考 openEuler 社区中的安装文档。

图 2-8 展示了 openEuler 操作系统通过光盘安装的流程，本小节会按照此流程进行安装演示。其他安装方式除启动安装引导外，都可沿用通用安装流程。

图 2-8　openEuler 通过光盘安装的流程

在个人计算机上安装 openEuler 时，建议使用开源虚拟机软件 VirtualBox。在安装前需要配置虚拟环境。在个人计算机中本地进入 BIOS（Basic Input/Output System，基本输入输出系统），开启 CPU 虚拟化功能，同时下载并安装 VirtualBox。安装完成后，打开 VirtualBox，单击"新建"按钮，如图 2-9 所示，打开"新建虚拟电脑"对话框，新建虚拟机。

如图 2-10 所示，设置虚拟机的名称、虚拟机配置文件存储位置、虚拟机系统类型和版本，然后单击"下一步"按钮。

如图 2-11 所示，设置虚拟机内存大小，一般设置的内存大小不小于 4GB，然后单击"下一步"按钮。

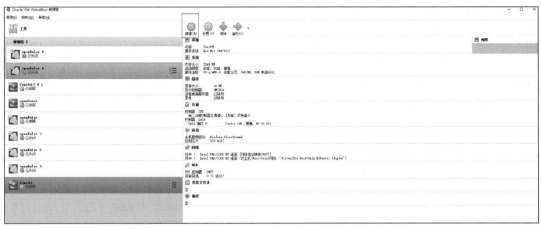

图 2-9　新建虚拟机

图 2-10　设置虚拟机名称和系统类型

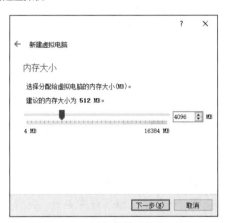

图 2-11　设置虚拟机内存大小

　　如图 2-12 所示，单击"现在创建虚拟硬盘"，一般设置的硬盘大小不小于 8GB，单击"创建"按钮。

　　如图 2-13 所示，在弹出的"创建虚拟硬盘"对话框中，保持默认配置。在"文件位置和大小"下方，配置硬盘文件存储位置以及大小，然后单击"创建"按钮。

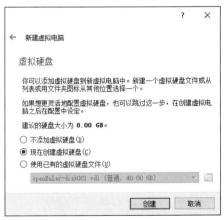

图 2-12　创建虚拟硬盘

图 2-13　设置虚拟硬盘大小

创建完成后，VirtualBox 会自动进入 openEuler1 虚拟机的管理界面，单击"设置"按钮，打开 openEuler1 虚拟机的"openEuler1-设置"对话框。

如图 2-14 所示，在对话框中，单击"网络"标签，配置网卡 1 的连接方式为"桥接网卡"，将"界面名称"设置为当前计算机可上网的网卡名称。"桥接网卡"表明虚拟机可使用当前计算机的网卡进行通信。

图 2-14　设置网络

如图 2-15 所示，在对话框中，单击"存储"标签，打开"存储"选项卡。单击 ⊚ 按钮，在右侧再单击 ⊚ 按钮，在弹出的选择框中单击"选择或创建一个虚拟光盘文件…"按钮。在弹出的"虚拟光盘选择"对话框中单击"注册"按钮，在弹出的对话框中选择已下载好的 openEuler-20.03-LTS-x86_64-dvd.iso，然后单击"打开"按钮。在虚拟光盘选择界面中选择刚刚添加的 openEuler ISO 镜像包，然后单击"选择"按钮。在 openEuler1 虚拟机的"存储"选项卡中单击"OK"按钮，完成光盘的挂载。

图 2-15　挂载光盘

在图 2-9 所示的界面中单击"启动"按钮，开启 openEuler1 虚拟机，此时系统会弹出"虚拟机控制"窗口。以上步骤完成了在虚拟机的光驱中加载 openEuler 安装镜像的操作，进入光盘引导安装模式。下面完成操作系统安装流程。

如图 2-16 所示，在安装引导界面中，支持使用↑、↓键选择选项。"Install openEuler 20.03-LTS"表示使用 GUI 模式安装；"Test this media & install openEuler 20.03-LTS"为默认选项，同样表示使用 GUI 模式安装，但在启动安装程序前会进行安装介质的完整性检查；"Troubleshooting"表示问题定位模式，在系统无法正常安装时使用。除此之外，按 e 键可进入已选选项的参数编辑界面，按 c 键可进入命令行模式。

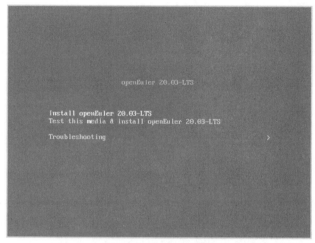

图 2-16 安装引导界面

在"INSTALLATION SUMMARY"窗口中可以进行时间、语言、安装源、网络和主机名、安装位置、软件选择等相关设置。当使用完整光盘安装时，安装程序会自动检测并显示安装源信息，用户直接使用默认配置即可，不需要设置。

在"INSTALLATION SUMMARY"窗口中选择"Software Selection"。如图 2-17 所示，在"SOFTWARE SELECTION"窗口中，可以指定需要安装的软件包。可以根据实际的业务需求，在左侧选择"Minimal Install""Server""Virtualization Host"3 个基本环境，在右侧设置已选环境的附加选项。在最小安装的环境下，并非安装源中所有的包都会安装。如果需要使用的包未安装，可将安装源挂载到本地制作的 repo 源中，并通过 DNF（Dandified YUM）工具单独安装。在虚拟化主机的环境下，会默认安装虚拟化组件 qemu、libvirt、edk2，同时可在附加选项处设置是否安装 ovs 等组件。在此选择"Server"。

在"INSTALLATION SUMMARY"窗口中选择"Installation Destination"。如图 2-18 所示，在"INSTALLATION DESTINATION"窗口中，可以设置操作系统的安装硬盘及分区。可以选择在存储配置中自定义配置分区，也可以选择让安装程序自动分区。如果在未使用过的存储设备中执行全新安装，或者不需要保留该存储设备中的任何数据，建议选择"Automatic"进行自动分区。若用户需进行手动分区，选择"Custom"，并单击左上角的"Done"按钮，系统会跳转到存储空间配置界面。

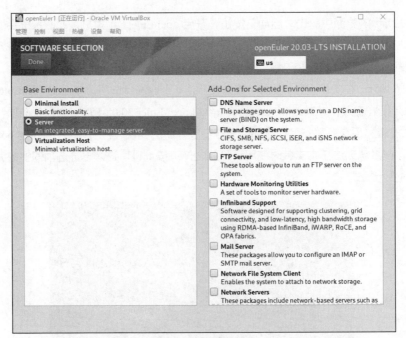

图 2-17　选择软件包

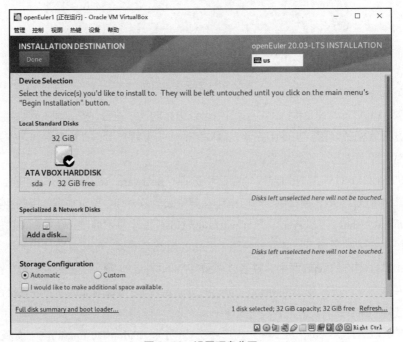

图 2-18　设置硬盘分区

在"MANUAL PARTITIONING"窗口可以通过如下两种方式进行分区。

- 自动创建：单击"Click here to create them automatically"，系统会根据可用的存储空间，自动分出 4 个挂载点，分别为/boot、/、/boot/efi、swap。

- 手动创建：单击 + 按钮添加新挂载点，建议每个挂载点的期望容量不超过可用空间。

如图 2-19 所示，在"MANUAL PARTITIONING"窗口中，单击左下角的 ➕ 按钮，新增分区，按照表 2-3 所示配置分区。

表 2-3　挂载点配置

挂载点	大小
/	10GiB
/boot	200MiB
swap	4GiB

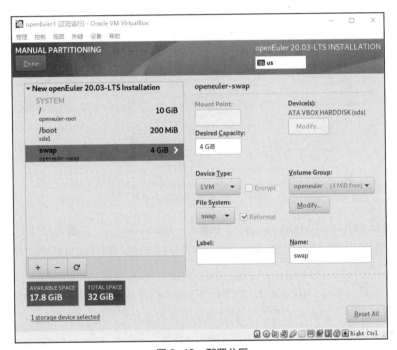

图 2-19　配置分区

配置好后，单击窗口左上角的"Done"按钮，在弹出的"SUMMARY OF CHANGES"对话框中单击"Accept Changes"按钮，如图 2-20 所示。

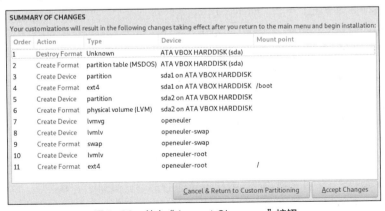

图 2-20　单击"Accept Changes"按钮

在"INSTALLATION SUMMARY"窗口中选择"Network&Host Name"。如图 2-21 所示，在"NETWORK&HOST NAME"窗口中，修改左下角的主机名为 openEuler，然后单击"Apply"按钮；开启网卡开关。（注意：需要在 VirtualBox openEuler1 虚拟机的网络设置窗口中设置"桥接网卡"连接方式，桥接到自己计算机中可上网的网卡，如无线网卡。）

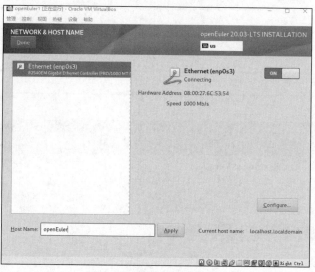

图 2-21　配置网络和主机名

在"INSTALLATION SUMMARY"窗口中选择"Time&Data"，设置日期和时间。在时间配置窗口，确认当前时区对应城市是"Shanghai"，"Network Time"处于关闭状态，然后单击"Done"按钮。

上述配置完成后，单击"INSTALLATION SUMMARY"窗口右下角的"Begin Installation"按钮，开始安装操作系统，界面中会显示安装进度及所选镜像包写入系统的进度。在安装镜像包的过程中，需要用户配置 root 密码并根据个人需求创建用户。

在"INSTALLATION SUMMARY"窗口中选择"Root Password"。如图 2-22 所示，在"ROOT PASSWORD"窗口中，在"Root Password"文本框中设置 root 密码，此处密码为高复杂度密码（需要包含大写字母、小写字母、数字及特殊字符中的 3 种及以上；至少包含 8 个字符；不能和用户名相同），设置完成后单击左上角的"Done"按钮。

在系统安装的过程中，单击"User Creation"按钮，可为系统新增普通用户，设置系统的用户名和密码（密码和用户名具有相同的复杂度要求）。在高级用户配置界面中，可以设置 HOME 目录、用户和组 ID、组成员等选项。设置完成后单击左上角的"Done"按钮。

系统安装完成后，单击右下角的"Reboot"按钮，重启系统。同时，用鼠标右键单击 VirtualBox 下面的光盘图标，单击"移除虚拟盘"按钮。（若系统进入了安装界面，选择左上角的"控制"→"重启"即可。）

如图 2-23 所示，系统重启后，使用 root 身份登录系统（在输入密码时，系统不会有任何反馈，保证输入密码正确即可）。登录成功后，会显示当前 IP 地址、登录时间等信息。此外，还可以使用 PuTTY 等远程 Shell 工具测试连接。

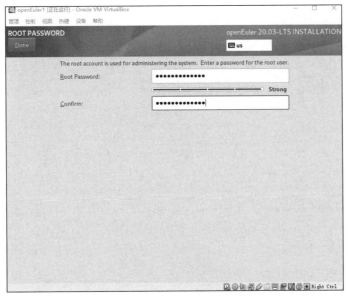

图 2-22　root 密码设置

图 2-23　登录系统

2.3　本章练习

1. 列举常见的 Linux 操作系统。
2. 如何根据版本号，区分 openEuler 发行版本？
3. 物理机和虚拟机上安装 openEuler 的要求有什么差异？
4. 按 2.2.2 小节的步骤，在本地虚拟机上安装 openEuler x86 操作系统。

第3章
Shell介绍与基础操作

03

学习目标

- 理解 Shell 的基本概念。
- 熟练掌握登录、关闭、重启 openEuler 操作系统的方法。
- 掌握 Shell 的使用技巧。
- 熟练使用常用的 openEuler 命令。

Shell 本身是由 C 语言编写的程序，它是用户和 Linux 操作系统之间的桥梁，是一种命令解释器，同时 Shell 脚本可以作为用户端的编程工具。本章将对 Shell 进行介绍，并详细介绍一些常用命令。

Shell 作为命令解释器，能互动式地解释和执行用户输入的命令。用户在命令提示符窗口中输入的每个命令都首先由 Shell 程序进行解释，然后传给 Linux 内核。此外，Shell 也能被系统中的其他有效的 Linux 应用程序调用。Shell 虽然不属于 Linux 系统内核，但它可以调用 Linux 系统内核的大部分功能，用以执行程序、创建文档，并协调各个程序的运行。

Shell 脚本支持大多数高级编程语言中的常用元素，如函数、变量、数组，并提供了许多高级编程语言中才具有的控制结构，如循环和分支结构。Shell 脚本和 Shell 是两个不同的概念。业界所说的 Shell 通常都是指 Shell 脚本。供后续执行的包含 Shell 命令的文件在 Linux 系统中被称为 Shell 脚本。Shell 编程灵活易学，用户可以用简短命令轻松执行复杂操作，任何在命令提示符窗口中能输入的命令都可在 Shell 程序中使用。

3.1 Shell 命令行基础

Shell 命令行是用户与 Linux 系统进行交互时非常重要的工具，虽然目前图形化界面被广泛使用，但相较于图形化界面，命令行有执行效率高、占用资源少等优势。命令行仍是系统管理员、运维人员常用的 Linux 交互工具。Shell 作为命令的"翻译官"，是我们学习 Linux 系统时必须要学习的内容。本节将从系统的登录、关闭和重启等基本操作着手，来介绍 Shell 命令行。

3.1.1 常见 Shell 简介

Linux 中有许多种 Shell，其中常用的 4 种如下。

- Bourne Shell（sh）。
- C Shell（csh）。

- Korn Shell（ksh）。
- Bourne Again Shell（bash）。

bash 是 openEuler 操作系统默认使用的 Shell 解释器。bash 与其他的 Shell 有良好的兼容性，使用较为广泛。用户可以通过/etc/shells 文件中的内容来查看当前主机支持的 Shell 类型。

【示例 3-1】

```
#查看当前主机中有哪些类型的 Shell
[root@openEuler ~]# cat /etc/shells
/bin/sh
/bin/bash
/usr/bin/sh
/usr/bin/bash
```

> **说明** [root@openEuler~]# 为操作系统命令行提示符，相关介绍如下。
> - root 是当前登录用户名。
> - openEuler 为主机名。
> - ~代表当前所在目录为登录用户的主目录。
> - #代表当前用户为管理员，若提示符以"$"结尾，代表当前登录用户为非管理员身份的其他用户。

也可以通过命令来查看 openEuler 当前正在使用的 Shell 类型。

【示例 3-2】

```
[root@openEuler ~]# echo $SHELL
/bin/bash
```

> **说明** $SHELL 是 openEuler 操作系统中的一个环境变量，它用于记录当前系统使用的 Shell 类型。

用户可以通过直接输入各种 Shell 的二进制文件名，进入相应 Shell：

```
[root@openEuler ~]# /bin/bash
```

执行上述命令，又启动了一个 Shell，此时启动的 Shell 成为最初登录操作系统时使用 Shell 的下级 Shell 或子 Shell。

使用如下命令可以退出当前子 Shell：

```
[root@openEuler ~]# exit
```

3.1.2 登录 openEuler

登录 openEuler 的过程实际就是对用户的身份和权限进行验证的过程。登录 openEuler 操作系统时需要输入用户名和密码，如果用户名或密码错误，系统将拒绝访问。

openEuler 操作系统提供了两种登录方式：本地登录和远程登录。

1. 本地登录

本地登录即通过计算机或者显示器直连服务器的方式，直接登录 openEuler 操作系统。当完成 openEuler 操作系统的安装并重启主机后，用户通过本地登录的方式直接进入系统命令行登录界面，输入安装过程中设置的用户名和密码，即可进入 openEuler 操作系统。

在命令行登录界面中，先显示命令 login。login 是用户登录 openEuler 操作系统看到的第一个命令，login 的作用是登录系统，所有用户都有权限使用 login 命令。在"login as:"后输入用户名，并按"Enter"键。随后，系统会要求用户输入用户名所对应的密码，在 password 命令后输入密码，按"Enter"键，即可登录系统。（鉴于系统安全，输入密码时，字符不会在屏幕上回显，光标也不会移动。）

【示例 3-3】

```
#输入用户名和密码，登录 openEuler 操作系统
login as:root
Password:
Authorized users only.All activities may be monitored and reported.
Welcome to Huawei Cloud Service
Last login:Tue Aug  3 14:35:30 2021 from ×××.×××.×××.×××        主机 IP 地址
Welcome to 1.19.90-2003.4.0.0036.oe1.x86_64
System information as of time: Tue Aug  3 14:56:29 CST 2021


System load:    0.21
Processes:      89
Memory used:    27.1%
Swap used:      0.0%
Usage On:       8%
IP address:     192.168.0.162
Users online:   2
```

使用 exit 命令即可退出操作系统。exit 命令没有参数，运行该命令后退出系统，进入登录界面。

```
[root@openEuler ~]# exit
```

2. 远程登录

通常服务器会放置在机房中，用户在登录、使用 openEuler 操作系统时多有不便，因此大多数用户通过远程登录的方式登录 openEuler 操作系统。通过远程登录，用户不需要物理直连服务器，就可以通过 SSH（Secure Shell，安全外壳）协议，使用 PuTTY、Xshell 等工具远程登录 openEuler 操作系统。

下面以 PuTTY 工具为例，远程登录 openEuler 操作系统。

（1）下载并安装 PuTTY 后，运行 PuTTY，输入主机的 IP 地址，SSH 的服务器端端口号为 22，配置如图 3-1 所示。单击"Open"按钮即可进入系统登录界面。

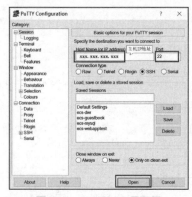

图 3-1　PuTTY 工具配置

（2）同本地登录的步骤相同，输入相应的用户名和密码后，即可登录 openEuler 操作系统，如
图 3-2 所示。

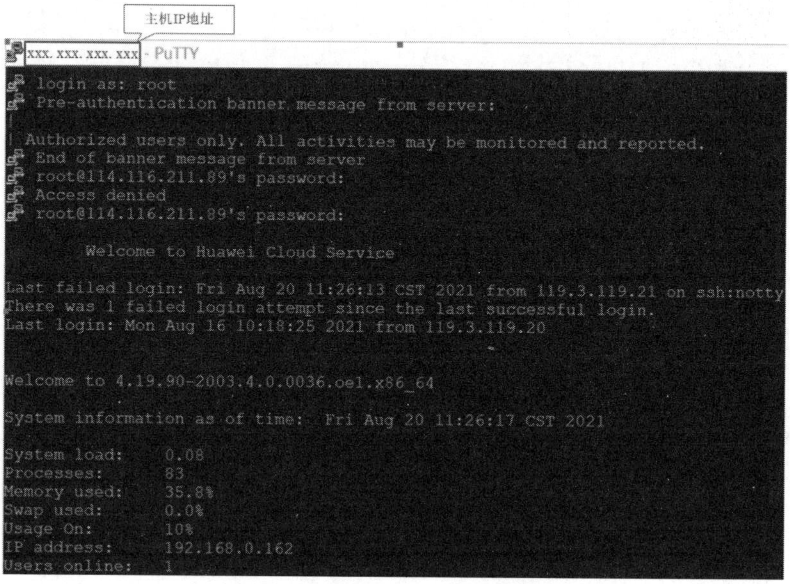

图 3-2　登录 openEuler 操作系统

3.1.3　openEuler 的关闭与重启

本小节将介绍如何正确关闭与重启 openEuler 系统，以确保数据的安全性和系统的稳定性。

1. 使用 shutdown 命令关闭系统

在 openEuler 系统正常运行时，若强制关机，可能会导致数据丢失，甚至损坏硬件设备，影响
操作系统的稳定性。root 用户（也称作系统管理员、超级用户）可以使用 shutdown 命令将系统安全关
闭。shutdown 命令的选项及功能说明如表 3-1 所示。root 用户使用 shutdown 命令关机时，系统会通
知所有登录 openEuler 操作系统的用户系统将要关闭。与此同时，login 命令被冻结，新的用户不能
再登录。

命令格式：

```
shutdown [选项] [时间] [告警信息]
```

时间：设置多长时间后执行 shutdown 命令。

告警信息：发送给登录用户的告警信息。

表 3-1　shutdown 命令的选项及功能说明

选项	功能说明
-h	关机后关闭电源
-r	关机后重新打开电源（相当于重启系统）
-k	并不真正关机，仅发送告警信息给当前登录的用户
-t<秒数>	多少秒后发送告警信息

【示例 3-4】

```
#在 18:18 关闭计算机
[root@openEuler ~]# shutdown -h 18:18
#在 18min 后重启计算机，并发送告警信息给登录的用户
[root@openEuler ~]# shutdown -r +18 "System will reboot after 18 minutes"
```

2. 使用 halt 命令关闭系统

和 shutdown 命令的使用权限相同，仅 root 用户可使用 halt 命令来关闭系统。halt 命令的选项及功能说明如表 3-2 所示。halt 命令执行时，系统会先执行 sync 命令，文件系统完成写操作后停止系统内核运行。若系统的运行级别（Runlevel）为 0 或 6，则关闭系统，否则调用 shutdown –h 命令来取代 halt 命令。

> **说明**
> - sync 命令用于将缓存内的数据强制写入磁盘。
> - 运行级别是指 openEuler 操作系统中不同的运行模式，通常可分为 0~6 这 7 个级别。具体请参考 8.1.3 小节的"openEuler 运行级别"。

命令格式：

```
halt [选项]
```

表 3-2　halt 命令的选项及功能说明

选项	功能说明
-n	不执行 sync 命令，直接停止系统
-w	并非真正重启或关闭系统，仅在/var/log/wtmp 文件中记录此操作
-f	不调用 shutdown 命令，直接强制关机
-i	在关闭系统前，关闭网络接口

【示例 3-5】

```
#使用 halt 命令关闭系统，并在关闭系统前关闭网络接口
[root@openEuler ~]# halt -i
```

3. 使用 reboot 命令重启系统

root 用户可以使用 reboot 命令重启系统，reboot 命令的选项及功能说明如表 3-3 所示。在保护系统数据安全和系统状态稳定的前提下完成重启计算机的操作。

命令格式：

```
reboot [选项]
```

表 3-3　reboot 命令的选项及功能说明

选项	功能说明
-n	保存数据后重启系统
-w	只把记录写入/var/log/wtmp 文件中，并非真正重启计算机
-d	仅重启计算机，但不把记录写入/var/log/wtmp 文件中
-i	关闭网络设置后重启系统

【示例 3-6】

```
#模拟重启操作，并不真正重启系统，仅记录此操作
[root@openEuler ~]# reboot -w
```

3.1.4　bash 使用技巧

在 openEuler 系统中使用 bash 时，有一些快捷键可以帮助用户更便捷、更高效地操作系统。

1.　"Tab"键

"Tab"键可用于自动补全命令或者文件名，当不确定具体命令名或文件名的拼写，或命令名和文件名很复杂时，可以使用"Tab"键省时、准确地补全命令名和文件名，具体用法如下。

- 未输入命令时，连按两次"Tab"键可列出所有可用命令。
- 已输入部分命令名或文件名时，按"Tab"键可自动补全命令名或文件名。

2.　键盘其他按键

使用一些键盘按键可以快速、准确地输入或更改命令，部分按键如下。

- "PgUp"键：调出输入历史执行记录。
- "PgDn"键：配合"PgUp"键选择历史执行记录。
- "End"键：移动光标到本行末尾。
- "Home"键：移动光标到本行开头。
- "Ctrl + A"组合键：移动光标到行首。
- "Ctrl + E"组合键：移动光标到行尾。

3.　其他组合键

使用其他一些组合键，可以辅助使用 bash。

- "Ctrl + C"组合键：终止当前程序。
- "Ctrl + L"组合键：清除屏幕显示内容。

3.2　openEuler 基础命令

在命令提示符后输入的命令需要符合一定的格式。openEuler 命令一般包含一些选项或参数。
命令格式：

```
command [arg1] [arg2] ... [argn]
```

command 为命令名，arg1～argn 为参数或选项。选项前通常会使用一个或两个连字符"-"，选项是参数的一种，当有多个选项时可以写在一起。[ ]表示其中的参数为非必选参数，只有在需要使用时输入。

【示例 3-7】

```
#列出当前目录下所有文件及详细信息
[root@openEuler ~]# ls -l -a
total 44
dr-xr-x---.  4 root root 4096 Aug  3 14:33 .
dr-xr-xr-x. 20 root root 4096 Aug  4 11:09 ..
```

```
-rw-------  1 root root 1833 Aug  3 17:08 .bash_history
...
```

以上命令可以简化成：

```
[root@openEuler ~]# ls -la
total 44
dr-xr-x---.  4 root root 4096 Aug  3 14:33 .
dr-xr-xr-x. 20 root root 4096 Aug  4 11:09 ..
-rw-------  1 root root 1833 Aug  3 17:08 .bash_history
...
```

一部分命令不带参数。例如使用 ls 命令可以显示出当前目录下的所有文件。还有一部分命令必须要携带一个或多个参数。若携带参数有误，会返回相应命令的用法信息。

例如，使用 mkdir（创建目录）命令时，需要添加创建的目录名称，若没有携带参数，则会返回如下信息。

【示例 3-8】

```
[root@openEuler ~]# mkdir
mkdir: missing operand
Try 'mkdir --help' for more information.
```

3.2.1 openEuler 基础命令操作

熟悉 openEuler 操作系统的基础命令操作非常重要，一些命令在日常使用 openEuler 操作系统时会被经常使用。例如创建一个用户、进行用户权限的管理，创建、编辑、删除文件或目录，安装、使用应用软件，查看、设置系统参数、时间，查看系统版本信息、查看日期、进行进程管理等。本小节介绍常用的 openEuler 基础命令操作，命令分类及说明如表 3-4 所示，并给出实例，帮助读者理解学习。

表 3-4 openEuler 命令分类及说明

分类	说明
登录和电源管理	login、shutdown、halt、reboot、install、exit、last 等
文件处理	file、mkdir、grep、dd、find、mv、ls、diff、cat、ln 等
系统管理	df、top、free、quota、at、kill、crontab 等
网络操作	ifconfig、ip、ping、netstat、telnet、ftp、route、rlogin、rcp、finger、mail、nslookup 等
系统安全	passwd、su、umask、chgrp、chmod、chown、chattr、sudo、ps、who 等
其他	help、tar、unzip、gunzip、unarj、mtools、man 等

1. 使用 help 命令获取帮助

在 openEuler 系统中，有非常多命令，我们在使用时很难记住所有命令的格式及选项。可以通过 help 命令查看命令的格式及选项。help 命令的选项及功能说明如表 3-5 所示。

help 命令的使用方式有两种：可以在想要查询的命令后，加入-help 选项，查看命令的使用方式；也可以单独使用 help 命令来获取帮助。

命令格式：

```
help [选项] [命令]
```

表 3-5　help 命令的选项及功能说明

选项	功能说明
-d	查看所查找命令的简短功能描述
-s	简洁显示命令的使用说明

【示例 3-9】

```
#使用 help 命令查看 pwd 命令的使用方法
[root@openEuler ~]# help pwd
pwd: pwd [-LP]
    Print the name of the current working directory.
    Options:
      -L        print the value of $PWD if it names the current working
                directory
      -P        print the physical directory, without any symbolic links
    By default, `pwd' behaves as if `-L' were specified.
    Exit Status:
    Returns 0 unless an invalid option is given or the current directory
    cannot be read.
```

【示例 3-10】

```
#使用 help 命令查看 pwd 命令的简短功能描述
[root@openEuler ~]# help -d pwd
pwd - Print the name of the current working directory.
```

2. 使用 lscpu 命令查看 CPU 信息

使用 lscpu 命令可以查看当前 CPU 的各项参数，包括 CPU 架构、CPU 数、内核数、频率、线程数等。lscpu 命令的选项及功能说明如表 3-6 所示。

命令格式：

```
lscpu [选项]
```

表 3-6　lscpu 命令的选项及功能说明

选项	功能说明
-a	同时查看在线 CPU 和离线 CPU 的信息
-b,--online	仅查看在线 CPU 的信息
-c,--offline	仅查看离线 CPU 的信息
-h	查看帮助信息

【示例 3-11】

```
#查看当前 CPU 信息
[root@openEuler ~]# lscpu
Architecture:                  x86_64
CPU op-mode(s):                32-bit, 64-bit
Byte Order:                    Little Endian
```

```
Address sizes:                          42 bits physical, 48 bits virtual
CPU(s):                                 1
On-line CPU(s) list:                    0
Thread(s) per core:                     1
Core(s) per socket:                     1
Socket(s):                              1
...
```

3. 使用 uname 命令查看系统信息

通过 uname 命令可以查看计算机及操作系统的相关信息，包括内核名称、主机名、帮助信息、版本信息等，uname 命令的选项及功能说明如表 3-7 所示。

命令格式：

```
uname ［选项］
```

表 3-7　uname 命令的选项及功能说明

选项	功能说明
-a	输出所有信息
-o	查询操作系统的名称
-n	查询主机名
-r	查询内核的发行号
-s	查询内核名称
-v	查询内核版本号
--help	查询帮助信息
--version	查询版本号

【示例 3-12】

```
#查询内核版本号
[root@openEuler ~]# uname -v
#1 SMP Mon Mar 23 19:10:41 UTC 2020
```

【示例 3-13】

```
#查询版本号
[root@openEuler ~]# uname --version
uname (GNU coreutils) 8.31
Copyright (C) 2019 Free Software Foundation, Inc.
License GPLv3+: GNU GPL version 3 or later .
This is free software: you are free to change and redistribute it.
There is NO WARRANTY, to the extent permitted by law.

Written by David MacKenzie.
```

4. 使用 date 命令查看或设置系统时间

使用 date 命令可以查看当前系统时间，也可以设置系统时间。date 命令的选项及功能说明如表 3-8 所示。

命令格式：

```
date ［选项］ ［显示时间格式］
```

表 3-8　date 命令的选项及功能说明

选项	功能说明
-s	将系统时间设置为-s 后跟的字符串所指定的时间
-d	查看由-d 后跟的字符串设置的时间，而非当前的实际时间
-u	查看或设置格林尼治时间
--help	查看帮助信息
--version	查看版本号

说明　使用 date 命令查看系统时间时，可以设定时间的显示格式。以特定格式显示系统时间时需在格式前加上符号"+"，若不加符号"+"则表示将系统时间设置为指定的时间，而不是设定显示格式。设置系统时间显示格式的命令为：
date +MMDDhhmm[CC][YY][.ss]

MM 代表月份，DD 代表日期，hh 代表小时，mm 代表分钟，CC 代表年份的前两位数字，YY 代表年份的后两位数字，.ss 代表秒。

date 命令的时间格式参数及功能说明如表 3-9 所示。

表 3-9　date 命令的时间格式参数及功能说明

参数	功能说明
%a	星期缩写（Sun~Sat）
%A	星期全称（Sunday~Saturday）
%b	月份缩写（Jan~Dec）
%B	月份全称（January~December）
%c	显示当前时区的日期和时间
%d	当前为本月的第几日（01~31）
%D	按照"月/日/年"格式显示日期
%H，%k	按照 24 小时制，显示当前小时
%I	按照 12 小时制，显示当前小时
%j	当前为全年的第几天（1~366）
%m	当前为全年第几月（1~12）
%M	分钟（00~59）
%p	显示"上午"（AM）或"下午"（PM）
%S	秒（00~59）
%y	年份的后两位（00~99）
%Y	显示年份
%Z	显示当前时区，若未设置则为空

【示例 3-14】

```
#查询当前日期、时间及星期信息
[root@openEuler ~]# date +%D%H%M%S%A
08/05/21160128Thursday
#将系统时间设置为 2020 年 11 月 30 日上午 9 点整
[root@openEuler ~]# date 113009002020.00
Mon Nov 30 09:00:00 CST 2020
```

5. 使用 clear 命令清空终端屏幕

在一些场景下需要将终端屏幕清空，便于观察后续命令的输出内容。clear 命令可以清空终端屏幕。

命令格式：

```
clear
```

【示例 3-15】

```
#清空当前终端屏幕
[root@openEuler ~]# clear
```

6. 使用 free 命令查询内存信息

通过 free 命令可以查询内存及交换分区（swap）的信息，包括总内存、使用内存、剩余内存、共享内存的信息等。free 命令的选项及功能说明如表 3-10 所示。

命令格式：

```
free [选项]
```

表 3-10 free 命令的选项及功能说明

选项	功能说明
-b	以 byte 为单位显示内存信息
-k	以 KB 为单位显示内存信息
-m	以 MB 为单位显示内存信息
-g	以 GB 为单位显示内存信息
-h	按照内存的大小，自动调整信息单位，输出可读性高的信息

【示例 3-16】

```
#使用-h 选项输出易读的内存信息
[root@openEuler ~]# free -h
              total        used        free      shared  buff/cache   available
Mem:           981M        141M        505M        0.0K        333M        517M
Swap:            0B          0B          0B
```

7. 使用 history 命令查询历史命令

使用 openEuler 操作系统时，时常需要查看前面都执行了哪些命令，history 命令可以列出当前用户使用过的命令。history 命令的选项及功能说明如表 3-11 所示。

命令格式：

```
history [选项] [文件]
```

说明 若指定了[文件]，则使用指定的文件作为历史命令文件；若未指定文件，则使用"~/.bash_history."作为历史命令文件。

表 3-11　history 命令的选项及功能说明

选项	功能说明
-a	将当前 bash 对话的历史命令加入历史命令文件
-c	清空历史命令文件
-w	将当前历史命令写入历史命令文件，覆盖之前历史命令文件中的内容
-r	读取历史命令文件中的内容，作为当前历史命令显示输出

【示例 3-17】

```
#列出历史命令
[root@openEuler ~]# history
    1  cd ..
    2  pwd
    3  cd etc
    4  ll
...
```

8. 使用 wget 命令下载文件

使用 wget 命令，可以从互联网中下载文件到本地。wget 命令的选项及功能说明如表 3-12 所示。
命令格式：

```
wget [选项] [URL]
```

表 3-12　wget 命令的选项及功能说明

选项	功能说明
-O	指定下载目录和文件名
-t	指定下载次数（0 代表无数次）
-Y	设置下载超时时间
-nc	若下载内容与本地内容重复，不覆盖本地内容
-r	下载整个网站或目录内的所有内容（小心使用）

【示例 3-18】

```
#下载 Python 源码包
[root@openEuler ~]# wget https://www.python.org/ftp/python/3.7.7/
Python-3.7.7.tgz
--2020-11-30 09:37:49-- https://www.python.org/ftp/python/3.7.7/
Python-3.7.7.tgz
Resolving www.python.org (www.python.org)... 151.101.228.223, 2a04:4e42:1a::223
Connecting to www.python.org (www.python.org)|151.101.228.223|:443...
connected.
HTTP request sent, awaiting response... 200 OK
Length: 23161893 (22M) [application/octet-stream]
Saving to: 'Python-3.7.7.tgz'
Python-3.7.7.tgz    100%[===========================================>]
22.09M 15.8KB/s   in 19m 48s
2020-11-30 09:57:39 (19.0 KB/s) - 'Python-3.7.7.tgz' saved [23161893/23161893]
```

9. 使用 curl 命令下载文件

openEuler 操作系统默认安装了 wget 和 curl 下载工具。wget 和 curl 都可以用于下载文件，wget

是一个独立的程序，是一个轻便简洁的下载工具。curl 则需要依赖库文件 libcurl，curl 支持更宽泛的网络协议，包括 HTTP、HTTPS、FTP、SFTP、SCP 等。curl 命令的选项及功能说明如表 3-13 所示。

在 Windows 系统中，从互联网中下载文件时，可以直接使用浏览器下载，也可以使用专门的下载工具来下载。curl 可以看作 openEuler 系统中的浏览器，wget 可以看作 openEuler 系统中的独立下载工具。

若想仅下载文件，可使用 wget 命令，若需要实现其他功能，例如测试网站，并显示网站内容，可以使用 curl 命令。具体可查看以下示例内容。

命令格式：

```
curl [选项] [URL]
```

表 3-13 curl 命令的选项及功能说明

选项	功能说明
-C	断点续传
-o	将下载的内容保存到指定名称的文件中
-O	将下载的内容保存到本地，本地文件名称与远程文件名称一致
-T	上传文件
-u	设置服务器的用户名和密码
-#	显示当前传送状态的进度条

【示例 3-19】

```
#下载 openEuler 官方网站的 HTML 文件，并显示在屏幕上
[root@openEuler ~]# curl https://openeuler.org/zh/
<!DOCTYPE html>
<html lang="zh">
  <head>
    <meta charset="utf-8">
    <meta name="viewport" content="width=device-width,initial-scale=1">
    <title>openEuler</title>
    <meta name="generator" content="VuePress 1.5.4">
    <link rel="icon" href="/favicon.ico">
  <meta name="viewport" content="width=device-width,initial-scale=1,
user-scalable=no">
...
```

【示例 3-20】

```
#下载 Python 文件，并保存原文件名
[root@openEuler ~]# curl -O https://www.python.org/ftp/python/3.7.7/
Python-3.7.7.tgz
  % Total    % Received % Xferd  Average Speed   Time    Time     Time  Current
                                 Dload   Upload   Total   Spent    Left  Speed
100 22.0M 100 22.0M    0     0   22434      0  0:17:12          0:17:12 --:--:-- 30287
[root@openEuler ~]# ll
total 23M
-rw------- 1 root root    0 Nov 30  2020 ]
-rw------- 1 root root  23M Aug  9 11:24 Python-3.7.7.tgz
-rw------- 1 root root  146 Aug  9 10:41 python.tgz
```

3.2.2　文件命令操作

openEuler 操作系统中共有 1600 多条命令，有一部分命令在日常操作中会频繁使用。在 3.2.1 小节中介绍了一些基础命令操作，本小节会具体讲解在目录管理、文件管理、文本处理、文本编辑器中所使用的常用命令。

1. 目录和文件管理

在 openEuler 操作系统中，文件被放置在目录中。openEuler 的文件目录结构呈树形结构，"/"称为根目录，如图 3-3 所示。

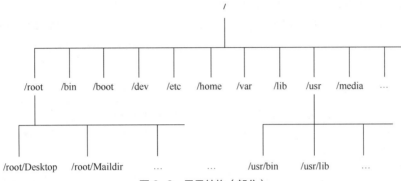

图 3-3　目录结构（部分）

目录存放的主要文件及其用途如表 3-14 所示。

表 3-14　目录存放的主要文件及其用途

目录名	目录存放的主要文件及其用途
/bin	该目录存放着经常使用的命令
/boot	该目录存放的是启动 openEuler 时使用的一些核心文件，包括一些连接文件以及镜像文件
/dev	dev 是 device（设备）的缩写，该目录下存放的是 openEuler 的外部设备文件，在 openEuler 中访问设备的方式和访问文件的方式是相同的
/etc	该目录用来存放所有的系统管理所需要的配置文件和子目录
/home	该目录用于存储用户的个人文件和设置
/var	惯常将那些经常被修改、不断扩充的目录放在该目录下，其包括各种日志文件
/lib	该目录里存放着系统最基本的动态连接共享库，其作用类似于 Windows 里的动态连接库（Dynamic Linked Library，DLL）文件。几乎所有的应用程序都需要用到这些共享库
/usr	这是一个非常重要的目录，通常用于存放不会被用户和系统经常修改的可执行文件、库文件、头文件、帮助文本字、静态文件等，类似于 Windows 下的 program files 目录，其中/usr/bin 是系统用户使用的应用程序；/usr/sbin 是 root 用户使用的比较高级的管理程序和系统守护程序；/usr/src 是内核源码默认的放置目录
/media	该目录通常用于临时挂载可移动存储设备，如 USB 闪存驱动器、光盘、移动硬盘等。当用户插入可移动存储设备时，系统会自动将其挂载到/media 目录下的一个子目录中，并为其分配一个唯一的名称，以便用户访问
/proc	系统内存映射的虚拟目录，可以通过直接访问该目录来获取系统信息

目录名	目录存放的主要文件及其用途
/root	该目录为 root 用户的主目录
/sbin	s 是 super user（超级用户）的简写，这里存放的是 root 用户使用的系统管理程序
/srv	该目录存放一些服务启动之后需要提取的数据
/tmp	该目录用来存放一些临时文件
/run	该目录是一个临时文件系统，存储系统启动以来的信息，当系统重启时被清理或删除

在 openEuler 操作系统中还有几个特殊目录。

- "/"：根目录。openEuler 操作系统树形结构的源头。
- "~"：主目录。系统中存在的每个用户都有一个对应的主目录，也就是用户的个人目录。例如用户 Tony 的主目录是"home/Tony"，root 用户的主目录是"/root"。
- "."：当前目录。
- ".."：当前目录的上一级目录。

在用 Shell 或调用应用程序时，要写明路径。路径分为绝对路径和相对路径。

- 绝对路径：在 openEuler 中，绝对路径是从"/"开始的。如果一个路径是从"/"开始的，即为绝对路径。例如，/usr/share/doc 目录。
- 相对路径：相对当前所在目录的路径。例如，由/usr/share/doc 到/usr/share/man 时，可以写成 cd ../man；由/usr/share/doc 到/usr/share/doc/lady 时，可以写成 cd lady。具体请参考 cd 命令的示例。

目录管理的常用操作命令如下。

（1）使用 ls 命令显示当前目录中的文件。

ls 命令可以显示出当前目录中的文件，类似于 Windows 系统下的 dir 命令，ls 命令的选项及功能说明如表 3-15 所示。ls 是 list（列表）的缩写。

命令格式：

```
ls [选项] [文件]
```

表 3-15　ls 命令的选项及功能说明

选项	功能说明
-a	显示全部文件，包括隐藏文件（以"."开头的文件）
-d	直接列出当前文件中的目录，而非目录内的文件
-l	使用较长格式列出信息
-r	倒序排列
-s	显示每个文件的尺寸

【示例 3-21】

```
#倒序列出/usr/share/doc 目录下的文件的详细信息
[root@openEuler doc]# pwd
/usr/share/doc
[root@openEuler doc]# ls -l -r
```

（2）使用 cd 命令切换目录。

cd 命令可以用来切换目录。cd 是 change directory（切换目录）的缩写，cd 命令的选项及功能说明如表 3-16 所示。

命令格式：

```
cd [绝对路径] 或 [相对路径]
```

表 3-16　cd 命令的选项及功能说明

选项	功能说明
cd /usr	进入目录 /usr 中
cd ..	进入（退到）上一级目录，两个点代表父目录
cd	不带参数，则默认回到主目录
cd -	进入前一个目录，适用于在两个目录之间快速切换

【示例 3-22】

```
#通过绝对路径进入/usr/share/doc 目录
[root@openEuler ~]# cd /usr/share/doc
[root@openEuler doc]# pwd
/usr/share/doc
#通过相对路径从/usr/share/doc 目录进入/usr/share/man
[root@openEuler doc]# cd ../man
[root@openEuler man]# pwd
/usr/share/man
#在/usr/share/doc 目录下，创建 lady 目录，并通过相对路径从/usr/share/doc 目录进入
/usr/share/doc/lady 目录
[root@openEuler doc]# mkdir lady
[root@openEuler doc]# cd lady
```

（3）使用 pwd 命令查看当前所在目录。

当需要查看当前所在目录时，可以使用 pwd 命令快速查看当前所在目录的绝对路径。pwd 命令的选项及功能说明如表 3-17 所示。pwd 是 print working directory（输出工作目录）的缩写。

命令格式：

```
pwd [选项]
```

表 3-17　pwd 命令的选项及功能说明

选项	功能说明
-P	显示出确切的路径，而非使用连接路径
--version	显示版本信息
--help	显示帮助信息

【示例 3-23】

```
[root@openEuler lady]# pwd
/usr/share/doc/lady
```

（4）使用 mkdir 命令创建目录。

mkdir 命令用于创建一个新目录，其选项及功能说明如表 3-18 所示。mkdir 是 make directory（创建目录）的缩写。

命令格式：

```
mkdir [选项] [目录名称]
```

表 3-18　mkdir 命令选项及功能说明

选项	功能说明
-m	配置目录的权限
-p	创建递归目录

【示例 3-24】

```
#在 root 目录下创建/beth/openEuler 目录
[root@openEuler ~]# mkdir -p beth/openEuler
[root@openEuler ~]# cd beth
[root@openEuler beth]# ll
total 4.0K
drwx------ 2 root root 4.0K Aug  9 14:27 openEuler
[root@openEuler beth]#
#在 beth 目录下创建 test 目录，并配置其权限为拥有者可读、写、执行，其他用户仅有执行权限
[root@openEuler beth]# mkdir -m 711 test
[root@openEuler beth]# ls -l
total 8
drwx------ 2 root root 4096 Aug  9 14:27 openEuler
drwx--x--x 2 root root 4096 Aug  9 14:30 test
```

说明　关于目录权限的数字设定法，请参考后文 chmod 命令的介绍。

（5）使用 rmdir 命令删除空目录。

rmdir 命令可用于删除空目录，若目录中有文件，则不能被删除，其选项及功能说明如表 3-19 所示。rmdir 是 remove directory（删除目录）的缩写。

命令格式：

```
rmdir [选项] 目录
```

表 3-19　rmdir 命令的选项及功能说明

选项	功能说明
-p	若删除的目录后，上一级目录为空，则连同上级目录一并删除

【示例 3-25】

```
#删除/beth 目录中的 openEuler 目录，若删除 openEuler 目录后 beth 目录为空，则连 beth 文件夹
一同删除
[root@openEuler beth]# ll
total 4.0K
drwx------ 2 root    root    4.0K    Aug     9 14:36 openEuler
[root@openEuler beth]# cd ..
[root@openEuler ~]# ll
total 23M
-rw------- 1 root root  0       Nov 30 2020]
drwx------ 3 root root  4.0K    Aug 9  14:36    beth
-rw------- 1 root root  23M     Aug 9  11:24    Python-3.7.7.tgz
```

```
-rw------- 1 root root      146      Aug 9    10:41     python.tgz
[root@openEuler ~]# rmdir -p beth/openEuler
[root@openEuler ~]# ll
total 23M
-rw------- 1 root root       0       Nov 30   2020]
-rw------- 1 root root      23M      Aug 9    11:24     Python-3.7.7.tgz
-rw------- 1 root root      146      Aug 9    10:41     python.tgz
```

（6）使用 cp 命令复制目录。

cp 命令可以实现目录以及文件的复制，其选项及功能说明如表 3-20 所示。cp 是 copy（复制）的缩写。cp 命令支持将源文件复制成目标文件或复制到指定目录中。cp 命令还支持同时复制多个文件到目标目录中。

命令格式：

```
cp [选项] [-T] [源文件]... [目标文件]
cp [选项] [源文件]... [目录]
```

> **说明**　复制单个文件时，目标位置可以是一个文件，也可以是一个目录。若指定目标位置为一个文件，则可以使用 -T 选项；若需指定目标位置为目录，则在目标目录后加上 "/"。

表 3-20　cp 命令的选项及功能说明

选项	功能说明
-f	强制覆盖并删除已存在的目标文件
-l	不复制文件，只生成链接文件
-p	连同文件的属性一起复制
-R	复制目录时，复制目录及目录下所有的文件和子目录
-r	功能与 -R 的类似，区别在于复制前先删除目标目录中已有的目标文件及目录

【示例 3-26】

```
#在 beth 目录下，创建文件 test1、test2，将 test1、test2 文件复制到 openEuler 目录下
[root@openEuler beth]# touch test1 test2
[root@openEuler beth]# ll
total 0
-rw------- 1 root    root     0   Aug    9 16:11 test1
-rw------- 1 root    root     0   Aug    9 16:11 test2
[root@openEuler beth]# mkdir openEuler
[root@openEuler beth]# ll
total 4.0K
drwx------ 2 root    root     4.0KAug    9 16:11 openEuler
-rw------- 1 root    root     0   Aug    9 16:11 test1
-rw------- 1 root    root     0   Aug    9 16:11 test2
[root@openEuler beth]# cp test1 test2 openEuler/
[root@openEuler beth]# cd openEuler/
[root@openEuler openEuler]# ll
total 0
-rw------- 1 root    root     0   Aug    9 16:11 test1
-rw------- 1 root    root     0   Aug    9 16:11 test2

#复制 /etc/passwd 文件到当前目录下，更改文件名为 passwd.bak
[root@openEuler beth]# cp /etc/passwd ./passwd.bak
```

（7）使用 rm 命令删除文件或目录。

当目录或文件不再使用时，可以使用 rm 命令删除它们，释放资源，其选项及功能说明如表 3-21 所示。rm 是 remove（删除）的缩写。

命令格式：

```
rm [选项] 文件/目录
```

表 3-21　rm 命令的选项及功能说明

选项	功能说明
-f	强制删除文件或指定目录，忽略不存在的文件或目录，并且不会给出提示信息
-i	删除前须确认
-r/-R	删除目录时使用，递归删除目录及其内容
-v	显示详细的删除步骤

【示例 3-27】

```
#强制删除 openEuler 目录
[root@openEuler ~]# mkdir beth
[root@openEuler ~]# cd beth
[root@openEuler beth]# mkdir openEuler
[root@openEuler beth]# cd openEuler/
[root@openEuler openEuler]# touch test01
[root@openEuler openEuler]# cd ..
[root@openEuler beth]# rm openEuler/
rm: cannot remove 'openEuler/': Is a directory
[root@openEuler beth]# rm -fr openEuler/
[root@openEuler beth]# ll
total 0
```

（8）使用 mv 命令更改文件名或目录名。

mv 命令可以将源文件或目录移动到目标目录，并将源文件名更改为目标文件名，其选项及功能说明如表 3-22 所示。mv 是 move（移动）的缩写。

命令格式：

```
mv [选项] [源文件或目录] [目标文件或目录]
```

表 3-22　mv 命令的选项及功能说明

选项	功能说明
--backup	若需覆盖文件，则覆盖前先行备份
-b	与--backup 类似，但不可接参数
-f	强制覆盖，如果目标文件已经存在，不会询问而直接覆盖
-i	若目标文件已经存在，覆盖前会询问是否覆盖
-t	将参数所指定的所有源文件或目录移动到指定目标目录
-T	将目标文件作为普通文件处理

【示例 3-28】

```
#创建 test01 文件，并将 test01 文件重命名为 test02
[root@openEuler ~]# touch test01
[root@openEuler ~]# ll
total 23M
-rw------- 1 root     root      0   Nov 30  2020]
-rw------- 1 root     root     23M Aug 9 11:24     Python-3.7.7.tgz
-rw------- 1 root     root     146 Aug 9 10:41     python.tgz
-rw------- 1 root     root      0  Aug 9 16:04     test01
[root@openEuler ~]# mv test01 test02
[root@openEuler ~]# ll
total 23M
-rw------- 1 root     root      0   Nov 30  2020]
-rw------- 1 root     root     23M Aug 9  11:24     Python-3.7.7.tgz
-rw------- 1 root     root     146 Aug 9  10:41     python.tgz
-rw------- 1 root     root      0  Aug 9  16:04     test02

#将/usr/src 目录下所有内容移动到当前目录
[root@openEuler ~]# mv /usr/src ./
[root@openEuler ~]# ll
total 23M
-rw-------  1    root    root0    Nov 30  2020]
-rw-------  1    root    root    23M Aug 9   11:24     Python-3.7.7.tgz
-rw-------  1    root    root    146 Aug 9   10:41     python.tgz
drwxr-xr-x. 4    root    root    4.0KMay 18  2020     src
-rw-------  1    root    root     0  Aug 9   16:04     test02
```

（9）使用 touch 命令创建空文件。

touch 命令可用于创建一个或多个空文件，也可用于修改文件的时间戳，其选项及功能说明如表 3-23 所示。

命令格式：

```
touch [选项]...[文件名]
```

其中 "..." 表示可以重复使用多个选项。这种表示方式意味着用户可以根据需要在命令中多次使用相同的选项，而不仅限于使用一次。

表 3-23 touch 命令选项及功能说明

选项	功能说明
-a	更新文件的读取时间记录
-c	如果文件不存在，也不创建文件
-d	设定访问时间与日期
-m	更新文件的修改时间记录

-c 选项是 touch 命令的一个选项，表示如果指定的文件不存在，也不会创建新文件。通常情况下，touch 命令会创建一个新文件，如果指定的文件已经存在，则会更新该文件的访问时间和修改时间。但是使用了-c 选项后，touch 命令会首先检查文件是否存在，如果不存在，也不会创建新文件，也不会修改其他文件的时间戳。当希望更新已有文件的时间戳，但又不希望创建新文件时，就可以

使用-c 选项来确保不会因为文件不存在而创建新文件。

【示例 3-29】

```
#在 root 目录下创建 openEuler 文件
[root@openEuler ~]# touch openEuler
```

（10）使用 ln 命令创建链接文件。

链接可以分为符号链接（Symbolic Link）和硬链接（Hard Link）两种。符号链接类似于 Windows 操作系统中的快捷方式，删除符号链接对源文件无影响，若删除源文件，则符号链接不可达。硬链接和源文件相当于文件实体的两个入口，单独删除硬链接或删除源文件都不会影响文件实体的存在，只有在源文件和硬链接全部被删除时，存储文件的后端实体才会被完全删除。符号链接和硬链接对比如表 3-24 所示。

表 3-24　符号链接和硬链接对比

符号链接	硬链接
以路径形式存在，类似于 Windows 的快捷方式	以文件副本形式存在，但不占用实际空间
删除源文件后链接失效	删除源文件后不影响硬链接
可以对目录进行链接	不可以对目录进行链接
可以跨文件系统	不可以跨文件系统

openEuler 操作系统为了方便查看某个特定文件，可以用 ln 命令为文件创建链接，其选项及功能说明如表 3-25 所示。通过链接的形式，可以从多个目录下查看到相同的文件，无须重复占用磁盘空间。ln 是 link（链接）的缩写。

命令格式：

```
ln [ -f | -n] [ -s ] 源文件 [ 目标文件 ]
```

表 3-25　ln 命令的选项及功能说明

选项	功能说明
-f	无论是否已存在相同链接，强制创建文件目录的链接
-n	如果目标文件已经存在，则不覆盖目标文件，而是将链接操作视为失败
-s	创建符号链接

【示例 3-30】

```
#将/etc/passwd 文件复制到 root 目录中
[root@openEuler ~]# cp /etc/passwd passwd
#为 passwd 文件创建一个硬链接
[root@openEuler ~]# ln passwd link_h_password
#为 passwd 文件创建一个符号链接
[root@openEuler ~]# ln -s passwd link_s_password
[root@openEuler ~]# ll
total 23M
-rw-------   1   rootroot    0    Nov 30  2020]
drwx------   3   rootroot    4.0KAug 9   16:14      beth
-rw-------   2   rootroot    1.3KAug 10 11:22      link_h_password
lrwxrwxrwx   1   rootroot    6    Aug 10 11:24      link_s_password -> passwd
```

（11）使用 chmod 命令设置文件或目录的访问权限。

chmod 是 change mode（更改权限）的缩写，其选项及功能说明如表 3-26 所示。文件或目录的访问权限有两种设定方法，一种是包含字母和操作符的字符设定法（相对权限设定），另一种是包含数字的数字设定法（绝对权限设定）。

字符设定法的命令格式：

```
chmod [ugoa] [+|-|=] [rwxugo] [文件名]
```

 说 明
- [ugoa]：代表授予者。u 代表用户，即文件的所有者；g 代表同组用户；o 代表其他用户；a 代表所有用户，是系统默认值。
- [+|-|=]：操作符号。+ 代表在原有权限中添加某个权限；- 代表在原有权限中删除某个权限；= 直接将指定的权限设置为所需的权限，而不管原始权限如何。
- [rwxugo]：代表要授予的具体权限。

表 3-26　chmod 命令的选项及功能说明

选项	功能说明
-r	读权限
-w	写权限
-x	执行权限
-u	与文件的所有者拥有相同的权限
-R	递归变更，连同子目录下所有文件的权限一同变更

数字设定法的命令格式：

```
chmod [mode] [文件名]
```

说 明　[mode] 为 3 个八进制数字，顺序分别为 u、g、o 的读、写及执行权限。数字、字符及其所对应的权限含义如表 3-27 所示。

表 3-27　字符及数字对应权限说明

八进制	二进制	字符	对应的权限含义
0	000	---	无权限
1	001	--x	执行权限
2	010	-w-	写权限
3	011	-wx	写、执行权限
4	100	r--	读权限
5	101	r-x	读、执行权限
6	110	rw-	读、写权限
7	111	rwx	读、写、执行权限

【示例3-31】

```
#使所有用户都拥有 beth 目录的读、写、执行权限
[root@openEuler ~]# ls -l
total 22632
-rw-------    1    root    root   0    Nov    30    2020]
drwx------    3    root    root   4096 Aug   9     16:14        beth
-rw-------    2    root    root   0    Aug    10    11:24       link_h_password
lrwxrwxrwx    1    root    root   6    Aug    10    11:24       link_s_password -> passwd
[root@openEuler ~]# chmod 777 beth
[root@openEuler ~]# ls -l
total 22632
-rw-------    1    root root   0    Nov    30    2020]
drwxrwxrwx    3    root root   4096 Aug   9     16:14       beth
-rw-------    2    root root   0    Aug    10    11:24      link_h_password
lrwxrwxrwx    1    root root   6    Aug    10    11:24      link_s_password -> passwd
```

> **说 明**　ls -l命令回显的第一个参数为文件属性，共10位，其中后9位为文件权限，第1位为文件类型。"d"代表目录，"l"代表链接，"-"代表普通文件。

2. 文本处理

（1）使用 cat 命令可以查看指定文件中的内容。

cat 是 concatenate（连接）的缩写，其选项及功能说明如表 3-28 所示。

命令格式：

```
cat [选项] [文件名]
```

表 3-28　cat 命令的选项及功能说明

选项	功能说明
-E	在每行结束处显示 "$"
-T	将制表符显示为 "^"
-n	由 1 开始对所有输出行编号
-b	给非空输出行编号

【示例3-32】

```
#使用 cat 命令查看 /etc/passwd 文件
[root@openEuler ~]# cat /etc/passwd
root:x:0:0:root:/root:/bin/bash
bin:x:1:1:bin:/bin:/sbin/nologin
daemon:x:2:2:daemon:/sbin:/sbin/nologin
adm:x:3:4:adm:/var/adm:/sbin/nologin
lp:x:4:7:lp:/var/spool/lpd:/sbin/nologin
...
```

（2）使用 head 命令显示文件开头的内容。

head 命令默认可以显示出相应文件开头 10 行的内容，其选项及功能说明如表 3-29 所示。

命令格式：

```
head [选项] 文件名
```

表 3-29 head 命令的选项及功能说明

选项	功能说明
-c <字节数>	显示字节数
-q	隐藏文件名
-v	显示文件名
-n [-]<行数>	读取前 n 行内容，或读取除后 n 行以外的内容

【示例 3-33】

```
#读取/etc/passwd 文件前 3 行的内容
[root@openEuler ~]# head -n 3 /etc/passwd
root:x:0:0:root:/root:/bin/bash
bin:x:1:1:bin:/bin:/sbin/nologin
daemon:x:2:2:daemon:/sbin:/sbin/nologin
#读取/etc/passwd 文件除后 15 行以外的内容
[root@openEuler ~]# head -n -15 /etc/passwd
root:x:0:0:root:/root:/bin/bash
bin:x:1:1:bin:/bin:/sbin/nologin
daemon:x:2:2:daemon:/sbin:/sbin/nologin
adm:x:3:4:adm:/var/adm:/sbin/nologin
lp:x:4:7:lp:/var/spool/lpd:/sbin/nologin
sync:x:5:0:sync:/sbin:/bin/sync
shutdown:x:6:0:shutdown:/sbin:/sbin/shutdown
halt:x:7:0:halt:/sbin:/sbin/halt
mail:x:8:12:mail:/var/spool/mail:/sbin/nologin
operator:x:11:0:operator:/root:/sbin/nologin
games:x:12:100:games:/usr/games:/sbin/nologin
```

（3）使用 tail 命令读取文件的尾部。

tail 命令的选项及功能说明如表 3-30 所示。

命令格式：

```
tail [选项] [文件名]
```

表 3-30 tail 命令的选项及功能说明

选项	功能说明
-f	循环读取
-v	显示详细的处理信息
-n	显示行数

【示例 3-34】

```
#ping "baidu.com" 100 次，并将输出内容写入 ping.log 文件
[root@openEuler ~]# ping baidu.com -c 100 > ping.log
#循环读取 ping.log 文件
[root@openEuler ~]# tail -f ping.log
```

```
PING baidu.com (220.181.38.251) 56(84) bytes of data.
64 bytes from 220.181.38.251 (220.181.38.251): icmp_seq=1 ttl=42 time=5.52 ms
64 bytes from 220.181.38.251 (220.181.38.251): icmp_seq=2 ttl=42 time=5.51 ms
64 bytes from 220.181.38.251 (220.181.38.251): icmp_seq=3 ttl=42 time=5.50 ms
64 bytes from 220.181.38.251 (220.181.38.251): icmp_seq=4 ttl=42 time=5.52 ms
```

（4）使用 more 命令查看文件内容。

more 命令适用于查看较大文件的内容，使用 more 命令查看文件时会一页一页地显示文件内容，方便用户逐页查看，可以使用空格键向下翻页，按"b"键向上翻页。more 命令也有搜索字符串的功能，其选项及功能说明如表 3-31 所示。

命令格式：

```
more [选项] [文件名]
```

表 3-31　more 命令的选项及功能说明

选项	功能说明
+NUM	从第 NUM 行开始显示
-NUM	定义屏幕大小为 NUM 行
+/<字符串>	打开文件并直接跳转到包含+/后跟的字符串的第一行
-c	从顶部清屏，然后显示

使用 more 命令查看文件时，可以使用一些操作键来进行辅助。表 3-32 中列举了一些 more 命令的常用操作键。

表 3-32　more 命令的常用操作键

操作键	功能说明
Enter	运行滚动
f	向下滚动一屏
空格键	向下滚动一屏
b	返回上一屏
=	输出当前行的行号
V	调用 Vim 编辑器
q	退出 more 命令

【示例 3-35】

```
#使用 more 命令查看/etc/tcsd.conf 文件
[root@openEuler ~]# more /etc/tcsd.conf
```

（5）使用 less 命令分屏显示文件内容。

less 命令与 more 命令类似，都可用于部分显示文件内容，其选项及功能说明如表 3-33 所示。

less 命令可以通过"↑""↓"键来翻看文件的内容，more 命令只能通过"b"键向前翻页。

使用 less 命令查看文件时，不会加载全部的文件，仅加载显示的部分，因此 less 命令读取文件比 more 命令快捷。

使用 more 命令查看文件后，屏幕中会留下文件内容，而使用 less 命令查看后则不会留下文件内容。

命令格式：

```
less [选项] [文件]
```

表 3-33　less 命令的选项及功能说明

选项	功能说明
-i	除非搜索的字符串中包括大写字母，否则搜索字符串时忽略大小写
-I	除非搜索的字符串中包含小写字母，否则搜索字符串时忽略大小写
-m	显示当前读取的内容占全文内容的百分比
-M	显示当前读取内容占全文内容的百分比、行号以及总行数
-N	显示行号

注：-I，I 为 i 的大写。

使用 less 命令查看文件时，可以使用一些操作键，方便用户查看，如表 3-34 所示。

表 3-34　less 命令的常用操作键

操作键	功能说明
/	向下搜索
?	向上搜索
q	退出 less 命令
Enter	滚动一页
空格键	滚动一行

（6）使用 find 命令查找目录或文件。

find 命令可用于在指定目录中查找符合条件的文件或目录。find 命令有众多参数，结合多个参数可以指定匹配条件，如按文件名、类型、用户或时间戳等条件来查找需要的文件或目录，其选项及功能说明如表 3-35 所示。

命令格式：

```
find [路径] [选项]
```

表 3-35　find 命令的选项及功能说明

选项	功能说明
-name	查找包含指定文件名的文件
-user	按照文件的所有者来查找文件
-type	按照文件的类型来查找文件

选项	功能说明
-empty	查找空文件
-size	按照文件的大小来查找文件

在使用带-type选项的find命令查找文件时，文件可以分为表3-36所示的5种类型。

表3-36 文件类型

类型	说明
b	块设备文件
c	字符设备文件
d	目录
l	符号链接文件
f	普通文件

【示例3-36】

```
#使用find命令查找.log文件
[root@openEuler ~]# find . -name "*.log"
./ping.log
#查找/var/log/anaconda目录中更改时间在7日以前的普通文件
[root@openEuler ~]# find /var/log/anaconda/ -type f -mtime +7
/var/log/anaconda/dbus.log
/var/log/anaconda/ifcfg.log
...
```

（7）使用which命令查找文件。

which命令用于在环境变量$PATH所指定的目录中查找可执行文件。使用which命令，可以查看指定的系统命令是否存在，并且可以确定命令的绝对路径，其选项及功能说明如表3-37所示。

命令格式：

```
which [选项] [文件]
```

表3-37 which命令的选项及功能说明

选项	功能说明
-n<文件名长度>	指定文件名长度，指定长度必须大于或等于所要搜索的文件中最长文件名长度
-p<文件名长度>	与-n选项作用相同，此时文件名长度包含路径的长度

【示例3-37】

```
#查找ls命令文件所在路径
[root@openEuler ~]# which ls
/usr/bin/ls
#查找cd命令文件所在路径
[root@openEuler ~]# which cd
/usr/bin/cd
```

（8）使用 grep 命令查找字符串。

grep 命令可以搭配正则表达式，在指定文件中搜索并输出指定的字符串所在的行。在使用 cat、head、tail 等命令查看文件时，若文件较大，则不方便查看具体的字符串。在其他查询命令和 grep 命令同时使用时，仅输出包含指定字符串的行。grep 命令选项及功能说明如表 3-38 所示。

命令格式：

```
grep [选项] [字符串] [文件名]
```

表 3-38　grep 命令的选项及功能说明

选项	功能说明
-i	匹配时忽略大小写
-v	反向查找，只打印不匹配的行
-n	显示匹配行的行号
-r	递归查找子目录中的文件

【示例 3-38】

```
#使用 grep 命令查看/etc/passwd 文件包含 "root" 字符串的行
[root@openEuler ~]# grep 'root' /etc/passwd
root:x:0:0:root:/root:/bin/bash
operator:x:11:0:operator:/root:/sbin/nologin
#使用 ll 命令配合 grep 命令，显示/etc 目录下包含 "pass" 字符串的文件
[root@openEuler etc]# ll | grep pass
-rw-r--r--  1 root root  1.3K Aug 4 14:05 passwd
-rw-r--r--. 1 root root  1.3K May 18 2020 passwd
```

（9）使用 gzip 命令压缩文件或目录。

gzip 是一种常用的压缩文件程序，在 openEuler 系统中经常使用 gzip 命令来压缩文件，其选项及功能说明如表 3-39 所示。压缩后的文件以 ".gz" 为扩展名。

命令格式：

```
gzip [选项] [文件]
```

表 3-39　gzip 命令的选项及功能说明

选项	功能说明
-d	解压文件
-c	创建新的压缩文件，保留原文件
-f	强行压缩文件
-l	列出压缩文件的相关信息
-<压缩效率>	压缩效率是一个 1~9 的数值，默认为 6。数值越大，压缩效率越高
--best	等同于指定 "-9" 选项
--fast	等同于指定 "-1" 选项

【示例 3-39】

```
#使用 gzip 命令快速压缩 passwd 文件，保留源文件
[root@openEuler src]# ll
total 8.0K
drwxr-xr-x. 2 root root 4.0K Mar 24  2020 debug
drwxr-xr-x. 3 root root 4.0K May 18  2020 kernels
-rw-------  1 root root    0 Aug 13 10:40 passwd
[root@openEuler src]# gzip --fast -c passwd > passwd.gz
[root@openEuler src]# ll
total 12K
drwxr-xr-x. 2 root root 4.0K Mar 24  2020 debug
drwxr-xr-x. 3 root root 4.0K May 18  2020 kernels
-rw-------  1 root root    0 Aug 13 10:40 passwd
-rw-------  1 root root   27 Aug 13 10:41 passwd.gz
```

（10）使用 tar 命令打包文件或目录。

在 openEuler 系统中，支持打包文件或目录。在很多场景中，需要把多个文件或目录打包到一个包中，并进行压缩，方便移动。tar 命令用于备份、打包文件或目录，并且可以与不同的选项和多种压缩工具共同使用，其选项及功能说明如表 3-40 所示。

命令格式：

```
tar [选项] [文件]
```

表 3-40   tar 命令的选项及功能说明

选项	功能说明
-c	建立新的压缩文件
-x	从压缩文件中提取文件
-f<文件名>	定义打包后的文件名
-t	显示压缩文件的内容
-z	支持 gzip 解压文件
-j	支持 bzip2 解压文件
-v	显示操作过程

【示例 3-40】

```
#将 src 目录打包，并使用 gzip 命令压缩
[root@openEuler ~]# tar -czf ball.tar.gz src
[root@openEuler ~]# ll
total 38M
-rw-------  1 root root    0 Nov 30  2020 ]
drwx------  4 root root 4.0K Aug 12 10:47 apptest
-rw-------  1 root root  16M Aug 13 10:53 ball.tar.gz
drwxr-xr-x. 4 root root 4.0K Aug 13 10:41 src
```

3. 文本编辑器

在 openEuler 系统中，一切都是文件。用户配置服务，也就是在编辑不同的文件。因此，文本编辑器在 openEuler 系统中也是非常重要的一个工具。

Vi 是 openEuler 系统最初使用的标准文本编辑器，根据用户的使用习惯，以及操作系统的不断演进，它逐渐衍生出很多升级版本。其中 Vim 是使用最为广泛，也是类 UNIX 系统用户最喜欢的文本编辑器工具之一。1991 年，布拉姆·米勒（Bram Moolenaar）发布了第一版 Vim，其全称为 Vi IMitation，随着功能的不断增加，后改名为 Vi IMproved。当前的 Vim 是在开源方式下发行的自由软件。本书中将主要讲述 Vim 的使用方法。

在 openEuler 操作系统中，可以使用 Vi、Vim 等文本编辑器，可以通过修改环境变量 EDITOR 或 VISUAL 来修改编辑器类型。

【示例 3-41】

```
#查看当前 VISUAL 环境变量值，并修改其值为 vim
[root@openEuler ~]# env |grep visual
VISUAL=vi
[root@openEuler ~]# export VISUAL=vim
[root@openEuler ~]# env |grep VI
VISUAL=vim
```

Vim 与其他常见的编辑器最大的区别之一在于，Vim 具有多种模式。

- 基本模式：包括普通模式、插入模式、可视模式、选择模式、命令行模式、Ex 模式。
- 派生模式：包括操作符等待模式、插入普通模式、插入可视模式、插入选择模式、替换模式。
- 其他：Evim 模式。

其中普通模式、插入模式和命令行模式是 Vim 中常见的 3 种模式，如图 3-4 所示。3 种模式分别有不同的用途，用户熟练掌握后可以极大地提高操作效率。

- 普通模式：常用于移动光标，可对文本进行查找、删除、复制、粘贴等操作，也是 Vim 启动后的默认模式。在普通模式下，可以通过多种方式进入插入模式，例如按"a"或"i"键。在普通模式下，按":"键可以进入命令行模式。
- 插入模式：在插入模式下可以写入和删除文本，一般只在对文本进行少量更改时使用。在插入模式下，可以通过按"Esc"键，回到普通模式。
- 命令行模式：在命令行模式下可以进行很多操作，比如替换、保存、退出等。在命令行模式下，按"Esc"键可以回到普通模式。

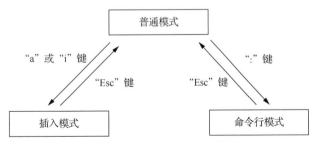

图 3-4　Vim 中常见的编辑模式

Vim 编辑器的简单使用步骤如下。

（1）在终端窗口中，使用命令 vim <文件名>即可打开要编辑的文档，默认进入普通模式。

说明 若文件存在，则打开文件，进入普通模式；若文件不存在，则新建一个空文件。

（2）按"i"键进入插入模式。

（3）插入文字，用方向键移动光标，按"Delete"键删除文字。

（4）按"Esc"键退回普通模式。

（5）用:w 命令保存文件，或者用:wq 保存文件并退出 Vim 编辑器。

Vim 编辑器不允许改动文档之后未保存就退出，可以使用:wq 保存文件并退出 Vim 编辑器。也可以使用:q!强制退出 Vim 编辑器，此时所有尚未保存的改动将会丢失。

表 3-41 所示为 Vim 编辑器中的一些基本操作，这些操作大都在普通模式中执行，其中:n<Enter>是命令行模式中的命令。

表 3-41　Vim 的基本操作

操作	含义	备注
j	向下一行	基本光标移动命令
k	向上一行	
h	向左一列	
l	向右一列	
w	到下一个词头	行内光标移动命令
e	到下一个词尾	
b	到上一个词头	
0	到行首	
$	到行尾	
gg	到第一行	文档内光标移动命令
G	到最后一行	
ngg	移动到第 n 行	
nG	移动到第 n 行的末尾	
:n<Enter>	到第 n 行（末行模式命令）	
H	当前屏的第一行	屏幕内光标移动命令
M	当前屏的中间一行	
L	当前屏的最后一行	
Ctrl-f	下一屏	滚动文档命令
Ctrl-b	上一屏	
zz	当前行移动到屏幕中间	
zt	当前行移动到屏幕顶部	
zb	当前行移动到屏幕底部	

表 3-42 所示为 Vim 编辑器中常用的编辑命令，这些命令大部分也是在普通模式中执行的，其中有":"后的命令属于命令行模式中的命令。

表 3-42 Vim 的编辑命令

命令	含义	备注
x	删除光标所在位置的字符	剪切（删除）命令
dd	删除 1 行	
ndd	删除 n 行	
:n,md	删除 $n \sim m$ 行	
:%d	删除文档的全部行	
yw,yb,ye,y0,y$,yG	与移动命令配合复制	复制命令
yy	复制 1 行	
nyy	复制 n 行	
按下 v 键，再按键盘中的上下箭头或其他移动光标的操作，按下 y 键	选择并复制任意行数	
:n,my	复制 $n \sim m$ 行	
:%y	复制文档的全部行	
p	粘贴到当前位置之后	粘贴命令
P	粘贴到当前位置之前	
u	撤销	撤销命令
Ctrl-r	恢复	恢复命令

表 3-43 所示为 Vim 编辑器中经常使用的搜索和替换命令。

表 3-43 Vim 的常用搜索和替换命令

命令	含义	备注
/	开始向前搜索	搜索命令
?	开始向后搜索	
n	搜索下一个	
N	搜索上一个	
*	（向前）搜索光标所在的词	
#	（向后）搜索光标所在的词	
%	搜索匹配的圆括号、方括号、花括号	
rx	把当前字符替换成 x	替换命令
R	进入替换模式	
:s/a/b/	把当前行的第一个 a 替换成 b	
:s/a/b/g	替换行中所有的 a	
:n,ms/a/b/g	将第 n 行~第 m 行的 a 替换成 b	
:%s/a/b/g	在所有行中替换	
:%s/a/b/gc	在每次替换前等待用户确认	

Vim 除了能像普通编辑器那样保存整个文档外，还可以把指定的部分内容写到指定文档中，甚至可以调用外部命令，并把文档内容作为外部命令的标准输入。Vim 的写命令如表 3-44 所示。

表 3-44　Vim 的写命令

命令	含义	备注
:w /data/file1	写到文件/data/file1 中	写命令
:w	已经有了文件名，不需要再次指定	
:n,mw /data/part	写出文档 $n \sim m$ 行的部分内容	
:n,mw >> /data/part	把 $n \sim m$ 行的内容附加到/data/part 文件的后面	
:n,mw ! wc -c	调用外部命令并以 $n \sim m$ 行内容作为其标准输入	

Vim 还可以读入外部文件的内容。当需要读入文件的部分内容时，可以借助外部命令，这相当于读取外部命令的输出。Vim 的读命令如表 3-45 所示。

表 3-45　Vim 的读命令

命令	含义	备注
:r /data/info	把文件/data/info 读到当前行下面	读命令
:nr /data/info	把文件/data/info 读到第 n 行下面	
:r ! Sed -n n,mp info	读取外部命令的输出 （如读取指定文件的 $n \sim m$ 行）	

Vim 提供了许多设置命令，用来控制 Vim 的行为，如表 3-46 所示。

表 3-46　Vim 的设置命令

命令	含义	备注
:set number	显示行号	设置命令
:set nonumber	关闭行号显示	
:set hlsearch	高亮显示搜索结果	
:set nohlsearch	关闭高亮显示	

【示例 3-42】

```
#使用 Vim 命令进入/etc/passwd 文件编辑模式，如图 3-5 所示
[root@openEuler ~]# vim /etc/passwd
```

图 3-5　使用 Vim 命令进入/etc/passwd 文件编辑模式

【示例 3-43】

#使用命令行模式，显示行号，如图 3-6 所示
```
: set nu
```

图 3-6　使用命令行模式显示行号

【示例 3-44】

按 "a" 或 "i" 键，进入插入模式，如图 3-7 所示。

图 3-7　插入模式

3.3　本章练习

1. 使用 Vim 编辑器，编辑一个文件名为 "Hello"，内容为 "Have a nice day" 的文件。

2. 更改 root 用户的主目录（/root）的 test 文件的权限，使拥有者有读、写、执行权限，组及其他用户仅有读权限。

第4章
用户与用户组

04

学习目标

- 了解用户和用户组的基本概念。
- 掌握用户和用户组的常见操作。

openEuler 是多用户、多任务的分时操作系统。任何授权用户都可以登录和访问该操作系统，并根据授予的权限做相应的操作。为方便管理，openEuler 通过用户与用户组的管理策略，灵活地区分、认证和管理不同的用户，并能够对用户的操作行为进行追踪，其对用户的常规操作包括创建、更改、删除，以及配置权限等。本章从用户和用户组的概念、分类、配置等方面出发，介绍用户和用户组的管理方法。

4.1 用户与用户组简介

openEuler 操作系统规定，要登录操作系统，就必须先获取经过操作系统鉴权的用户名和密码。有两种方式来获取登录操作系统鉴权的用户名和密码：第一种方式是在 openEuler 操作系统安装阶段，创建一个名为 root 的超级管理员用户，并为其设置登录密码；第二种方式是在操作系统安装完成后，登录并进入操作系统管理界面，使用特定命令创建自定义用户。在一个操作系统中，用户名具有全局唯一性。root 用户默认具有对整个操作系统的读、写和编辑权限；自定义用户必须要经过赋权才能使用相关权限。

为了方便权限管理，openEuler 操作系统设置了用户组的概念，并支持为每个用户组统一设置操作权限。每个用户都必须归属于一个或者多个用户组，每个用户组中可以包含一个或者多个用户。

通过管理用户组的权限，可以实现批量管理多个用户。例如，当需要设置操作系统中名为 zhangsan、lisi、wangwu 的 3 个用户对/root/test1 文件的编辑权限时，就可以先创建一个名为 usergroup01 的用户组，然后为用户组 usergroup01 配置对/root/test1 文件的编辑权限，最后将 zhangsan、lisi、wangwu 这 3 个用户添加到名为 usergroup01 的用户组中，这样通过一次配置就可以实现对 3 个用户权限的管理。如果需要把编辑/root/test1 文件的权限赋予更多的用户，也只需要将指定的用户添加到用户组 usergroup01 中。还可以通过修改用户组的权限，快速实现对用户组包含用户的权限的批量配置。

4.1.1　用户账户及其类型

openEuler 作为多用户、多任务的操作系统，系统中的每个用户都有独立的用户信息，包括登录用户名、登录密码和用户主目录等信息。主目录是在系统中创建用户时，由系统默认创建的目录，命名为/home/用户名。例如，在系统中创建用户 zhangsan，系统就会默认创建一个主目录/home/zhangsan。

1. 用户的分类

对于 openEuler 系统中的多个用户，按照操作权限可以划分为两类：超级用户和普通用户。

超级用户又称 root 用户，为操作系统安装时创建的默认用户，拥有对整个系统中的任意文件的编辑权限、任意命令的执行权限。由于它具有最高权限，在实际使用 openEuler 操作系统的过程中，为避免误操作带来的风险，在非必要情况下，一般不建议使用 root 用户登录系统并做相关操作。

普通用户一般由 root 用户（或其他有权限的用户）手动创建，默认仅拥有操作自身主目录、自身主目录中所包含的文件的所有权限，以及访问/etc、/var/log 等目录的权限。注意，普通用户对这些系统目录没有创建、修改、删除等权限。管理员可以为普通用户按需手动单点配置或者批量配置权限。

系统用户是一种比较特殊的普通用户。系统用户一般为系统安装后默认存在的，且默认情况下不能登录系统。系统用户的存在主要是为了满足系统进程对文件拥有者的需求。在系统中部署某些服务时，可以手动添加指定的系统用户。

> **说明**　在 openEuler 操作系统中，"~"表示主目录。例如，当使用 root 用户登录系统时，"~"表示/root 目录；使用用户 zhangsan 登录系统时，"~"表示"/home/zhangsan"目录。

如果要查看当前用户的主目录的文件路径，可以使用"cd ~"命令，或者"pwd -p"命令。

2. 用户标识符

操作人员可以使用系统默认创建的用户或自定义的用户，便捷地登录和使用操作系统。但是对于字符长短不一、命名规则各异的用户名，操作系统很难高效地识别各个用户名之间的差异。因此，openEuler 操作系统为每一个用户名设置了全局唯一的编号：用户标识符（User Identifier，UID）。UID 使用 16 位的二进制数值来标识，换算成十进制，数值范围为 0～65535。根据用户的分类，UID 和用户之间有以下对应关系。

- root 用户：0。
- 普通用户中的系统用户：1～999。
- 其他普通用户：1000～65535。

UID 是确认用户权限的标识，系统会通过用户的 UID 实现对用户权限的识别和管理，而非通过用户名。

> **注意**　可以将任意普通用户的 UID 手动设置为 0，使其成为 root 用户，但在实践中不建议这样操作。

4.1.2　用户配置文件

openEuler 操作系统使用用户配置文件来管理与用户相关的系统配置信息，主要的用户配置文件包括/etc/passwd 文件和/etc/shadow 文件。这些文件中主要保存用户名和 UID 的对应关系，以及用户名和登录密码之间的对应关系等信息。

1. /etc/passwd 文件

openEuler 操作系统使用/etc/passwd 文件来存储用户信息。该文件中一行代表一个用户的信息。每行内容都包含 7 个字段，每个字段之间用冒号进行分隔。信息的标准存储格式为：

```
用户名:密码:用户 ID:用户组 ID:注释:主目录:Shell 类型
```

以用户 zhangsan 为例，其信息存储格式为：

```
zhangsan:×:500:500:zhangsan test:/home/zhangsan:/bin/bash
```

字段说明如下。

- 用户名：zhangsan。
- 密码：通常使用占位符×，表明密码已被映射到/etc/shadow 文件中。
- 用户 ID：UID，用户登录时，系统根据 UID，而非用户名来识别用户。
- 用户组 ID：GID，表示用户所属的主组 ID。
- 注释：用户的注释信息，此参数为可选参数。如果需要使用注释，在字段内，注释信息需要和用户名之间用空格分隔，例如 zhangsan test；如果不需要注释，则直接在字段内写上用户名即可，例如 zhangsan。
- 主目录：用户主目录的绝对路径。例如，用户 zhangsan 的主目录是/home/zhangsan，root 用户的主目录是/root。
- Shell 类型：用户所用 Shell 的类型。例如，当用户 zhangsan 使用默认 bash Shell 时，设置为/bin/bash。

/etc/passwd 文件是重要的用户信息配置文件，其中包含的 7 个字段的信息是常用的登录用户信息，但只用这 7 个字段并不能完全记录一个登录用户所有的相关信息。例如，为了保证安全登录的用户密码就不包含在内，此时就需要使用到另一个文件：/etc/shadow 文件。

2. /etc/shadow 文件

/etc/shadow 文件是/etc/passwd 文件的影子文件，两个文件是互补的。/etc/shadow 文件主要存储用户加密之后的密码信息、加密算法信息、密码限制信息，以及其他/etc/passwd 文件中不包含的信息。

/etc/shadow 文件使用标准模板逐行存储登录用户信息，每个登录用户信息占用文件中的一行，每行文本内容包括 9 个字段，字段之间用冒号分隔。信息的标准存储格式为：

```
用户名:$加密算法$salt$加密了的密码:最后一次更改密码的日期:密码最小修改时间间隔:密码有效期:
密码警告时间段:密码禁用期:用户到期日期:保留字段
```

以用户 zhangsan 信息为例，/etc/shadow 文件中会保留一条如下格式的文本信息：

```
zhangsan:$1$VE.Mq2Xf$2c9Qi7EQ9JP8GKF8gH7PB1:13072:0:99999:7:::
```

字段说明如下。

- 用户名：非空字段，/etc/shadow 文件和/etc/passwd 文件中的用户名有对应关系。
- $加密算法$salt$加密了的密码：非空字段，$为分隔符，首先是使用的加密算法，其次是 salt（随机数），最后才是加密了的密码本身。
- 最后一次更改密码的日期：上次更改密码（口令）的时间。这个时间是从 1970 年 1 月 1 日起到最近一次更改密码的时间间隔（天数）。
- 密码最小修改时间间隔：两次更改密码间隔最少的天数。例如，设置该字段为 15，表示从本次更改密码完成开始计时，15 天之后才能再次更改密码；设置该字段为 0，表示无时间间隔限制，可以在任何时间更改密码。
- 密码有效期：表示从本次密码更改成功开始，到系统强制用户更改密码日期之间的天数。比如，设置该字段为 30，则表示 30 天后系统会强制要求再次更改密码；设置该字段为 1，表示关闭强制更改功能。
- 密码警告时间段：表示密码过期前，系统提前多少天向用户发起密码过期提醒。例如，当设置密码最大期限为 30 时，设置密码警告时间段为 3，则表示更改密码后第 28 天～第 30 天这 3 天，用户将被警告"密码即将过期"；将密码警告时间段设置为-1 表示没有警告。
- 密码禁用期：密码过期到系统自动禁用用户的天数。在用户密码到期之后，系统会禁用用户。禁用就表明系统不再允许用户登录，也不再提示用户过期。设置该字段为-1，表示永远不会禁用用户。
- 用户到期日期：此字段指定了用户账户到期的日期；如果这个字段的值为空，账户永久可用。
- 保留字段：目前没有指定特殊含义。

/etc/passwd 文件和/etc/shadow 文件共同组成了 openEuler 系统的用户管理机制。下面以用户 zhangsan 登录操作系统为例，展示系统是如何使用/etc/passwd 文件和/etc/shadow 文件来进行权限管理的。

当使用用户 zhangsan 登录系统时，系统首先在/etc/passwd 文件中查阅是否包含用户 zhangsan，然后确定用户 zhangsan 对应的 UID，并通过 UID 确定用户的身份。如果用户存在，则读取/etc/shadow 文件中所对应的用户 zhangsan 的密码；如果密码核实无误则登录系统，读取用户的配置文件。

4.1.3 用户组配置文件

用户组配置文件主要有两个：/etc/group 和/etc/gshadow。

1. /etc/group 文件

/etc/group 文件是用户组配置文件，能够明确表示用户和用户组的对应关系。例如，某个用户归属于某个用户组或者某几个用户组。

/etc/group 文件内逐行表示用户组信息，一条信息中主要包含 4 个字段：用户组名、用户组密码、GID 及用户列表。信息的标准存储格式为：

```
用户组名:用户组密码:GID:用户列表
```

以用户组 group1 信息为例，/etc/group 文件中会保留一条如下格式的信息：

```
group1:×:1000:
```

字段说明如下。

- 用户组名：用户组的名称，例如 group1。
- 用户组密码：用户组的鉴权密码，通常使用占位符×，表示密码已被映射到/etc/gshadow 文件中。
- GID：组标识，本例中 GID 为 1000。
- 用户列表：用户组内包含的用户。当本用户组中包含多个用户时，每个用户之间用逗号"，"分隔；本例中该字段为空，则表示用户组名和组内用户名保持一致。

2. /etc/gshadow 文件

/etc/gshadow 文件是/etc/group 文件的加密信息文件，例如用户组的管理密码就存放在/etc/gshadow 文件中。

/etc/gshadow 文件中逐行保存加密信息，每个用户组独占一行，一条信息中主要包含 4 个字段：用户组、用户组密码、用户组管理者和组成员。文本标准存储格式为：

```
用户组名:用户组密码:用户组管理者1,用户组管理者2,…:组成员1,组成员2,…
```

以用户组 group1 信息为例，/etc/gshadow 文件中会保留一条如下格式的信息：

```
group1:!::
```

字段说明如下。

- 用户组名：例如 group1。
- 用户组密码：这个字段可以是空或"！"，如果是空或"！"，表示没有密码。
- 用户组管理者：这个字段可为空。如果有多个用户组管理者，需要用逗号"，"分隔。
- 组成员：如果组内有多个成员，用逗号"，"分隔。

通过对/etc/gshadow 文件和/etc/group 文件的管理，可以实现对多用户大型系统的权限管理。

4.2 用户与用户组管理

对用户和用户组的管理是通过命令来实现的，常见操作包括创建、添加、删除、修改等。

4.2.1 管理用户组

1. 添加用户组

使用 groupadd 命令可以添加用户组，其命令选项及功能说明如表 4-1 所示。
命令格式：

```
groupadd [选项] 组名
```

表 4-1 groupadd 命令选项及功能说明

选项	功能说明
-g	指定 GID；如不指定，默认是上一个 GID 加 1
-r	创建系统组

【示例 4-1】

```
#增加一个新组 group1，新组的 GID 是在当前已有的最大 GID 的基础上加 1
[root@openeuler ~]# groupadd group1
```

【示例 4-2】

```
#向系统中增加一个新组 group2，同时指定新组的 GID 是 1001
[root@openeuler ~]# groupadd -g 1001 group2
```

【示例 4-3】

```
#增加一个新系统组 group3，同时指定新组的 GID 为 1002
[root@openeuler ~]# groupadd -r -g 1002 group3
#查看系统组信息
[root@openeuler ~]# cat /etc/group
root:x:0:
bin:x:1:
daemon:x:2:
sys:x:3:
...
dbus:x:991:
group1:x:1000:
group2:x:1001:
group3:x:1002:
```

2. 删除用户组

使用 groupdel 命令删除用户组。

命令格式：

```
groupdel 组名
```

【示例 4-4】

```
#删除用户组 group1
[root@openeuler ~]# groupdel group1
[root@openeuler ~]# cat /etc/group
...
dbus:x:991:
group2:x:1001:
group3:x:1002:
```

3. 修改用户组属性

使用 groupmod 命令修改用户组属性，其命令选项及功能说明如表 4-2 所示。

命令格式：

```
groupmod [选项] 组名
```

表 4-2　groupmod 命令选项及功能说明

选项	功能说明
-g	为用户组指定新的 GID
-n	将用户组的名字改为新名字

【示例 4-5】

```
#将组 group2 的 GID 修改为 2002
[root@openeuler ~]# groupmod -g 2002 group2
```

【示例 4-6】

```
#将 group3 的组名称改为 groupnew
[root@openeuler ~]# groupmod -n  groupnew group3
```

【示例 4-7】

```
#-g 参数和-n 参数也可以一起使用，语句之间使用空格隔开即可
[root@openeuler ~]# groupmod -g 2003 -n groupnew2 group2
[root@openeuler ~]# cat /etc/group
...
groupnew:x:1002:
groupnew2:x:2003:
```

4. 用户组管理

使用 gpasswd 命令管理用户组，其命令选项及功能说明如表 4-3 所示。

命令格式：

```
gpasswd [选项] 组名
```

表 4-3　gpasswd 命令选项及功能说明

选项	功能说明
空	表示给用户组设置密码，仅 root 用户可用
-a	表示将用户加入用户组中
-d	表示将用户从用户组中移除
-r	表示移除用户组的密码，仅 root 用户可用

【示例 4-8】

```
#设置 groupnew2 的密码
[root@openeuler ~]# gpasswd groupnew2
Changing the password for group groupnew2
New Password:
Re-enter new password:
[root@openeuler ~]# cat /etc/gshadow | grep groupnew2
groupnew2:$6$d2.79/Vs7$UacRaHwoNDVKwnlCXX2QROQFlW19KnYA4nRt/
OXO8wYfgGTWo2cPi2Vp8O3llp.S28w.sSA1huRAKxFayK4ju1::
```

【示例 4-9】

```
#向用户组 groupnew2 中添加用户 zhangsan
[root@openeuler ~]# gpasswd -a zhangsan groupnew2
Adding user zhangsan to group groupnew2
[root@openeuler ~]# cat /etc/group | grep groupnew2
groupnew2:x:2003:zhangsan
```

【示例 4-10】

```
#将用户 zhangsan 从组 groupnew2 中移除
[root@openeuler ~]# gpasswd -d zhangsan groupnew2
Removing user zhangsan from group groupnew2
[root@openeuler ~]# cat /etc/group | grep groupnew2
groupnew2:x:2003:
```

4.2.2 管理用户

1. 添加用户

使用 useradd 命令向系统添加用户,其命令选项及功能说明如表 4-4 所示。

命令格式:

```
useradd [选项] 用户名
```

表 4-4 useradd 命令选项及功能说明

选项	功能说明
-u	指定 UID
-g	指定用户的基本组的 GID,在指定用户的基本组的 GID 之前,需要先创建基本组;如果省略此参数,系统会使用与用户名相同的基本组名表示用户将要加入的用户组
-c	指定用户注释信息,通常写用户的全名
-d	指定用户的主目录,通过复制/etc/skel 目录并重命名实现;指定的主目录路径如果事先存在,则不会为用户复制环境配置文件
-D	查看默认配置信息
-r	创建系统用户
-f	设置密码过期后,用户被彻底禁用之前的天数。0 表示立即禁用,-1 表示禁用此功能;如果未指定,useradd 将使用/etc/default/useradd 中的 INACTIVE 指定的默认禁用周期,或者默认为-1

【示例 4-11】

```
#添加一个 UID 为 3000 的用户 openEuler
[root@openeuler ~]# useradd -u 3000 openEuler
[root@openeuler ~]# cat /etc/passwd | grep openEuler
openEuler:x:3000:3000::/home/openEuler:/bin/bash
```

【示例 4-12】

```
#添加用户 openEuler1,并指定用户的基本组为 groupnew
[root@openeuler ~]# useradd -g groupnew openEuler1
```

【示例 4-13】

```
#添加用户 openEuler2,并指定用户的注释信息为 "this is a test user"
[root@openeuler ~]# useradd -c "this is a test user" openEuler2
[root@openeuler ~]# cat /etc/passwd | grep openEuler2
openEuler2:x:3002:3002:this is a test user:/home/openEuler2:/bin/bash
```

【示例 4-14】

```
#添加用户 openEuler3,并指定用户的主目录为/tmp/openEuler3
[root@openeuler ~]# useradd -d /tmp/openEuler3 openEuler3
Creating mailbox file: File exists
[root@openeuler ~]# cat /etc/passwd | grep openEuler3
openEuler3:x:3003:3003::/tmp/openEuler3:/bin/bash
```

【示例 4-15】

```
#查看默认配置信息。创建用户时,如果省略某些选项,系统会使用默认值,默认值存放在/etc/login.
defs 配置文件中
```

```
[root@openeuler ~]# useradd -D
GROUP=100
HOME=/home
INACTIVE=-1
EXPIRE=
SHELL=/bin/bash
SKEL=/etc/skel
CREATE_MAIL_SPOOL=yes
```

2. 修改用户属性

使用 usermod 命令修改用户属性，其命令选项及功能说明如表 4-5 所示。

命令格式：

```
usermod [选项] 用户名
```

表 4-5　usermod 命令选项及功能说明

选项	功能说明
-u	修改 UID 为指定值
-g	修改用户所属的基本组，该组必须事先存在
-d	修改用户的主目录。用户原有主目录中的文件不会被移动至新位置，若要移动，则要同时使用-m 选项
-m	只能与-d 选项一同使用，用于将原有主目录中的文件移动到新的主目录中
-l	修改用户名
-L	锁定用户密码，即在用户原来的密码字符串之前添加一个"!"
-U	解锁用户的密码，去掉"!"
-e	指定用户账户的过期日期
-c	修改用户注释信息

【示例 4-16】

```
#只修改用户 openEuler1 的主目录为/home/openEuler1_new
[root@openeuler ~]# cat /etc/passwd | grep openEuler1
openEuler1:x:3001:1002::/home/openEuler1:/bin/bash
[root@openeuler ~]# mkdir /home/openEuler1_new
[root@openeuler ~]# usermod -d /home/openEuler1_new openEuler1
[root@openeuler ~]# cat /etc/passwd | grep openEuler1
openEuler1:x:3001:1002::/home/openEuler1_new:/bin/bash
```

注意　本例中只修改用户 openEuler1 的主目录为/home/openEuler1_new，不移动之前主目录的内容。/home/openEuler1_new 目录须事先存在，否则只是更改了/etc/passwd 中的记录，实际的目录是不会自动创建的。

【示例 4-17】

#修改用户 openEuler2 的主目录为/home/openEuler2_new，并移动之前主目录中的内容到新的目录中。新的主目录事先不能存在，否则和只用-d 的效果是一样的

```
[root@openeuler openEuler2]# usermod -md /home/openEuler2_new openEuler2
[root@openeuler openEuler2]# cat /etc/passwd | grep openEuler2
openEuler2:x:3002:3002:this is a test user:/home/openEuler2_new:/bin/bash
```

3. 删除用户

使用 userdel 命令删除用户，其命令选项及功能说明如表 4-6 所示。

命令格式：

```
userdel [选项] 用户名
```

表 4-6　userdel 命令选项及功能说明

选项	功能说明
-r	删除用户时一并删除用户主目录

【示例 4-18】

```
#删除用户 openEuler3 和相关文件
[root@openeuler ~]# userdel openEuler3
#删除用户 openEuler2、用户相关文件、用户的主目录
[root@openeuler ~]# userdel -r openEuler2
#通过比较可以发现/home/openEuler2 已经删除，而/home/openEuler3 依然存在
[root@openeuler ~]# ls /home/ | grep openEuler
openEuler  openEuler1  openEuler1_new  openEuler3
```

4. 更改用户密码

使用 passwd 命令可以更改用户密码，其命令选项及功能说明如表 4-7 所示。

命令格式：

```
passwd [选项] 用户名
```

"用户名"缺省时表示修改 root 用户的密码。

表 4-7　passwd 命令选项及功能说明

选项	功能说明
-d	清除用户密码
-n	设置密码的最短使用期限
-m	设置密码的最长使用期限

【示例 4-19】

```
#修改 root 用户密码
[root@openeuler ~]# passwd
Changing password for user root.
New password:
Retype new password:
#修改用户 openEuler1 的密码
[root@openeuler ~]# passwd openEuler1
Changing password for user openEuler1.
New password:
Retype new password:
```

4.2.3　用户切换

可以通过命令查看当前系统的用户登录信息，也可以切换登录用户。

1. 查看用户登录信息

使用 id 命令查看用户登录信息，其命令选项及功能说明如表 4-8 所示。

命令格式：

```
id [选项]... [用户名]
```

表 4-8　id 命令选项及功能说明

选项	功能说明
空	显示当前登录用户的信息
-u	显示用户的 ID
-r	仅显示当前登录用户的 ID
-g	仅显示用户的基本组的 GID
-G	仅显示用户所属的所有组的 GID
-n	显示用户名或组名，而非 ID

【示例 4-20】

```
#su 命令用于切换登录用户
[root@openeuler ~]# su - openEuler
#查看用户信息
[openEuler@openeuler ~]$ id
uid=3000(openEuler) gid=3000(openEuler) groups=3000(openEuler)
#显示用户的 ID
[openEuler@openeuler ~]$ id -u
3000
#仅显示当前登录用户的基本组的 GID
[openEuler@openeuler ~]$ id -g
3000
#显示当前登录用户的所属的所有组的 GID
[openEuler@openeuler ~]$ id -G
3000
#配合-n 选项，显示用户名或组名，而非 ID
[openEuler@openeuler ~]$ id -un
openEuler
```

2. 切换登录用户

su 命令是登录用户切换命令，其选项及功能说明如表 4-9 所示。为了增加系统安全性，openEuler 默认只允许 root 用户使用 su 命令，以实现在不同用户之间切换。其他用户使用 su 命令的权限需要特殊配置。

命令格式：

```
su [选项]... [-] [用户名]
```

表 4-9　su 命令选项及功能说明

选项	功能说明
-	登录式切换
	非登录式切换

【示例 4-21】

```
#登录式切换到用户 openEuler
[root@openeuler ~]# su - openEuler
Last login: Sat Sep  4 00:53:58 CST 2021 on pts/0
Welcome to 4.19.90-2003.4.0.0036.oe1.x86_64
System information as of time: Sat Sep  4 01:01:23 CST 2021
System load:    0.00
Processes:      98
Memory used:    4.8%
Swap used:      0.0%
Usage On:       7%
IP address:     10.0.0.73
Users online:   2
[openEuler@openeuler ~]$
#回退到未更改前的用户
[openEuler@openeuler ~]$ exit
logout
[root@openeuler ~]#
#非登录式切换到用户 openEuler
[root@openeuler ~]# su openEuler
Welcome to 4.19.90-2003.4.0.0036.oe1.x86_64
System information as of time: Sat Sep  4 01:02:55 CST 2021
System load:    0.00
Processes:      98
Memory used:    4.8%
Swap used:      0.0%
Usage On:       7%
IP address:     10.0.0.73
Users online:   2
[openEuler@openeuler root]$
```

4.3 本章练习

　　当前某公司有 3 个运维团队共 10 人在共同维护 openEuler 操作系统。为了对 10 个运维人员进行权限管理，现对运维人员的权限做以下限定。

- 每个运维团队有一名组长，组长具有系统的所有操作权限。
- 每个运维团队的普通成员对本团队指定目录有读、写权限。
- 每个运维团队的普通成员对其他团队的指定目录只有读权限。

　　请按照以上要求，创建 10 个用户，并使其归属于不同的用户组。

第5章
磁盘与逻辑卷管理

学习目标

- 理解磁盘的基本概念。
- 掌握分区与逻辑卷的概念及配置方法。
- 理解逻辑卷的管理。

任何数据都需要存储，存储作为 IT 系统的基础功能，必不可少。好的存储系统和管理方式往往能大幅提升系统的性能。本章将从硬件到软件来讲解 openEuler 系统中的存储基础知识。

//// **5.1** 磁盘管理

磁盘是 IT 系统的基础存储设备，为数据存储提供了基础的物理存储空间。磁盘之间千差万别，不同类别的磁盘有其适合的应用场景。openEuler 操作系统提供了多种磁盘管理的方式，用户可以根据实际需要使用不同的方式管理磁盘。

5.1.1 磁盘基本概念

每台计算机都有磁盘，磁盘作为基础硬件必不可少。根据磁盘的形态，它通常分为机械硬盘和固态硬盘。虽然磁盘是比较常见的基础硬件，但全世界能独立制造机械硬盘或固态硬盘的厂商很少。

1. 机械硬盘

机械硬盘内部有大量的机械部件，其通过运动的方式读写数据，类似于唱片机。图 5-1 所示为机械硬盘的物理结构。

图 5-1　机械硬盘的物理结构

机械硬盘内部有盘片、主轴、磁头、磁头臂等部件。

盘片类似于唱片机的唱片，是数据实际存储的位置，通常由玻璃片或铝片制成。盘片上覆盖磁性颗粒，通过磁性颗粒的南、北极排列来表示 0 和 1。一块机械硬盘中有很多块盘片，盘片的两面均覆满磁性颗粒，用于存储数据。

主轴是机械硬盘中高速旋转的部件，通过主轴的转动带动所有盘片一起高速旋转。主轴的转速通常有 5400r/min、7200r/min、10000r/min、15000r/min 等。在相同条件下，主轴转速越快，磁盘的读写性能越好，但通常其价格更高，容量也更小。

磁头是用于读取或写入数据的关键部件，其内部有感应线圈。磁盘在读取数据时，通过感应线圈感应盘片上磁性颗粒磁场方向的变化，进而产生正、反向信号，这些电信号最终被处理为二进制数据 0 和 1。磁盘在写入数据时，通过对感应线圈施加正、反向电流，使其产生正、反向变化的磁场，进而改变磁性颗粒的磁场方向，完成数据的写入。需要注意的是，磁头并不会接触盘片，而是悬浮于盘片之上。在机械硬盘中，每个盘面都有一个磁头。

磁头臂是带动磁头从盘片由内到外或由外到内摆动的金属臂。磁头臂摆动的速度同样影响着磁盘读写的性能，但其影响相比较于盘片转速的，几乎可以忽略。需要注意的是，所有的磁头都在磁头臂驱动机带动下一起摆动。在盘片的转动与磁头臂的摆动的协同下，机械硬盘完成数据读写。

为了更好地管理物理磁盘的数据存储，机械硬盘有了其数据存储的逻辑结构，如磁道、扇区、柱面等。

盘片是跟随主轴高速旋转的，磁头在盘片上划过的圈圈即为磁道，一个盘片由内到外有许许多多的磁道，靠近主轴的地方有一个特殊区域，称为启停区，不存储任何数据；距离主轴最远的磁道是零号磁道，磁盘的数据存储是从最外圈开始的。因为盘片上每个磁道转动的角速度相同，所以越靠近盘片外围，其线速度越快，读写速度也越快。

为了管理磁道上的数据，方便寻址，磁道又按照固定的容量大小划分成一个一个的区域，称为扇区。扇区主要由两个部分组成——存储位置标识符和存储数据的数据段，每个扇区的容量为 512B。

基于上述磁盘的结构，当一个数据块很大时，如何实现数据块的快速读写呢？因为所有的磁头都是同步运动的，所有的盘片也都是同步运动的，所以当所有磁头同时读写时能达到最大读写速度。所有磁头同时划过的磁道是一致的，此时，每个盘面上相同物理位置的磁道组合起来就形成了一个柱面。数据的读写通常是发生在一个柱面内的。

机械硬盘在发生数据读或者写时，首先由其内部芯片算出目标所在位置，并控制磁头臂驱动机，将磁头摆动到数据所在的磁道，此过程称为寻道；然后等待主轴带动盘片将目标扇区转动到磁头下方，即可完成数据的读写。因此机械运动的快慢严重影响着机械硬盘的性能。机械硬盘的制造难度大，技术壁垒高。

2. 固态硬盘

硬盘的另一种形态是固态硬盘，现如今大多数新款的笔记本计算机自带的硬盘都是固态硬盘。相比较于机械硬盘，固态硬盘没有机械运动的部件，所有的读、写、寻址均依赖固态硬盘中的芯片运算，所以固态硬盘性能普遍优于机械硬盘性能。在数字化经济时代，人们对数据读写性能的要求越来越高，固态硬盘在工业和民用领域中的占比将越来越大。

固态硬盘内有两种芯片，分别是闪存颗粒和控制芯片。闪存颗粒用于数据的存储，控制芯片用于完成数据的读写。目前我国的这两种芯片均已达到世界一流水准，能实现固态硬盘的自主生产。

3. 磁盘在系统中的表示分类

从第一代磁盘诞生至今，磁盘的传输协议和接口标准经过了很多次的技术升级和变革，有了很多类型。不同类型的磁盘总线的传输速率、扩展性均不相同，对应的磁盘接口也有所不同。目前，在数据中心中常见的传输协议有 IDE、小型计算机系统接口（Small Computer System Interface，SCSI）等，在虚拟化环境中，有一种 virtio 类型的协议。

IDE 协议因其技术产生较早，无法满足现有业务对性能和扩展性的需要，已经被淘汰；SCSI 是一种用于计算机及其周边设备（磁盘、软驱、光驱、打印机、扫描仪等）之间的系统级接口的独立处理器标准，是目前绝大多数物理磁盘最底层的传输协议；virtio 是为了解决虚拟化场景中虚拟磁盘的 I/O 转发问题而设计的一种高性能虚拟磁盘接口协议。

在 openEuler 系统中，可以使用 fdisk -l 查看系统磁盘信息。

【示例 5-1】

```
#查看系统磁盘信息
[root@openEuler ~]# fdisk -l
Disk /dev/vda: 40 GiB, 42949672960 bytes, 83886080 sectors
Units: sectors of 1 * 512 = 512 bytes
Sector size (logical/physical): 512 bytes / 512 bytes
I/O size (minimum/optimal): 512 bytes / 512 bytes
Disklabel type: dos
Disk identifier: 0x64860148
```

回显中的 vda 即示例所在 openEuler 中的磁盘。在 openEuler 中，磁盘通常由 3 个字母表示，如示例中的 vda。其中第一个字母代表设备的传输协议，SCSI 协议通常用 s 标识，IDE 协议通常用 h 标识，virtio 协议通常用 v 标识；第二个字母代表设备的类型，d 表示 disk，也就是磁盘；第三个字母代表编号，从 a 到 z 依次编号。所以本示例中的 vda 表示的是第一块 virtio 接口磁盘。如第二块 SCSI 磁盘，则表示为 sdb。

5.1.2 磁盘分区

早期为了提升磁盘寻道的速度，会将磁盘划分为多个扇区进行管理。当读取数据时，磁盘只会在指定区域中搜寻数据。目前，磁盘的分区主要有两种类型，分别是主引导记录（Master Boot Record，MBR）和全局唯一标识分区表（GUID Partition Table，GPT）。

1. MBR 分区

MBR 是位于磁盘最前面的一段引导（Loader）代码。它负责磁盘操作系统（DOS）对磁盘进行读写时分区合法性的判别、分区引导信息的定位，由磁盘操作系统对磁盘进行初始化时产生。主引导扇区记录磁盘本身的相关信息以及磁盘各个分区的大小及位置信息，是数据信息的重要入口。MBR 定义的磁盘分区表占据主引导扇区的 64 个字节，可以对 4 个分区的信息进行描述，其中每个分区的信息占据 16 个字节，包含对应分区的编号、起始位置、分区系统类型、结束位置、分区大小等内容。

由于 MBR 的寻址和记录限制，MBR 只能对不大于 2TB 的磁盘进行分区且仅可将磁盘分成 4 个主分区，或者最多 3 个主分区和一个扩展分区。当需要分区的数量超过 4 个时，可以将最后一个分区创建为扩展分区，并在扩展分区内继续划分逻辑分区。fdisk 命令是 openEuler 中对 MBR 分区类型磁盘进行分区的命令。

【示例 5-2】

```
#在 MBR 分区类型磁盘上创建主分区
[root@localhost ~] # fdisk  /dev/sdb

Welcome to fdisk (util-linux 2.34).
Changes will remain in memory only, until you decide to write them.
Be careful before using the write command.

Device does not contain a recognized partition table.
Created a new DOS disklabel with disk identifier 0xc5edf2a0.

Command (m for help): m      #此步骤若不清楚如何做，可以输入 "m" 查看帮助信息
Help:

 DOS (MBR)
  a   toggle a bootable flag
  b   edit nested BSD disklabel
  c   toggle the dos compatibility flag

 Generic
  d   delete a partition
  F   list free unpartitioned space
  l   list known partition types
  n   add a new partition          #输入 "n" 可以添加一个新的分区
  p   print the partition table
  t   change a partition type
  v   verify the partition table
  i   print information about a partition

 Misc
  m   print this menu
  u   change display/entry units
  x   extra functionality (experts only)

 Script
  I   load disk layout from sfdisk script file
  O   dump disk layout to sfdisk script file

 Save & Exit
  w   write table to disk and exit
  q   quit without saving changes

 Create a new label
  g   create a new empty GPT partition table
  G   create a new empty SGI (IRIX) partition table
  o   create a new empty DOS partition table
  s   create a new empty Sun partition table
```

```
Command (m for help): n                    #添加一个新的分区
Partition type
   p   primary (0 primary, 0 extended, 4 free)
   e   extended (container for logical partitions)
Select (default p):                        #此处默认是主分区，可以直接按"Enter"键

Using default response p.
Partition number (1-4, default 1):         #此处设置分区编号，默认从 1 开始。MBR 分区
模式下的主分区只能有 4 个。此处可以保持默认值 1，不输入数字，直接按"Enter"键
First sector (2048-20971519, default 2048):    #此处需要输入分区的起始柱面，可以保持
默认值，按"Enter"键
Last sector, +/-sectors or +/-size{K,M,G,T,P} (2048-20971519, default 20971519):
+2G  #此处需要输入分区的大小，有 3 种方式，可以选择+2G，意味着新建一个大小为 2GiB 的分区

Created a new partition 1 of type 'Linux' and of size 2 GiB.

Command (m for help): w         #输入"w"保存分区表配置并退出
The partition table has been altered.
Calling ioctl() to re-read partition table.
Syncing disks.

[root@localhost ~]# fdisk -l /dev/vbd
Disk /dev/sdb: 10 GiB, 10737418240 bytes, 20971520 sectors
Units: sectors of 1 * 512 = 512 bytes
Sector size (logical/physical): 512 bytes / 512 bytes
I/O size (minimum/optimal): 512 bytes / 512 bytes
Disklabel type: dos
Disk identifier: 0xc5edf2a0

Device     Boot Start     End Sectors   Size Id Type
/dev/sdb1       2048 4196351 4194304    2G   83 Linux   #创建大小为 2GiB 的第一个分区
```

【示例 5-3】

```
#在 MBR 分区类型磁盘上创建扩展分区和逻辑分区
[root@localhost ~]# fdisk /dev/sdb

Welcome to fdisk (util-linux 2.34).
Changes will remain in memory only, until you decide to write them.
Be careful before using the write command.

Command (m for help): n         #新建一个分区
Partition type
   p   primary (1 primary, 0 extended, 3 free)
   e   extended (container for logical partitions)
Select (default p): e           #设置分区类型为扩展分区
Partition number (2-4, default 2):          #保持默认分区编号 2
First sector (4196352-20971519, default 4196352):
Last sector, +/-sectors or +/-size{K,M,G,T,P} (4196352-20971519, default
```

```
20971519):            #保持默认设置，将所有空间都进行分配

Created a new partition 2 of type 'Extended' and of size 8 GiB.

Command (m for help): n         #新建一个逻辑分区
All space for primary partitions is in use.
Adding logical partition 5 #所有分配给主分区的空间已经用完，新建一个分区编号为 5 的逻辑分区
First sector (4198400-20971519, default 4198400):      #保持默认设置
Last sector, +/-sectors or +/-size{K,M,G,T,P} (4198400-20971519, default
20971519): +3G                   #创建一个 3GiB 的逻辑分区

Created a new partition 5 of type 'Linux' and of size 3 GiB.

Command (m for help): w       #保存分区表配置并退出
The partition table has been altered.
Calling ioctl() to re-read partition table.
Syncing disks.

[root@localhost ~]# fdisk -l /dev/sdb               #查看/dev/sdb 磁盘信息
Disk /dev/sdb: 10 GiB, 10737418240 bytes, 20971520 sectors
Units: sectors of 1 * 512 = 512 bytes
Sector size (logical/physical): 512 bytes / 512 bytes
I/O size (minimum/optimal): 512 bytes / 512 bytes
Disklabel type: dos
Disk identifier: 0xc5edf2a0


Device     Boot   Start      End   Sectors  Size  Id  Type
/dev/sdb1          2048   4196351   4194304   2G   83  Linux
/dev/sdb2       4196352  20971519  16775168   8G    5  Extended   #这是扩展分区
/dev/sdb5       4198400  10489855   6291456   3G   83  Linux   #这是扩展分区里划分的
逻辑分区
```

2. GPT 分区

GPT 是新一代实体磁盘的分区表结构布局标准，正逐步取代 MBR。与 MBR 相比，GPT 具有如下优点：

- 支持容量大小为 2TB 以上的大磁盘，最大可支持 18EB 的磁盘；
- 每个磁盘最多有 128 个分区，无主分区、扩展分区等概念；
- 分区表自带备份，在磁盘的首尾部分分别保存一份相同的分区表，即使其中一份被破坏，也可以通过另一份恢复；
- 每个分区可以自定义一个不同于卷标的名称；
- 使用 16 字节的全局唯一标识符标识分区的类型，不容易产生冲突。

openEuler 操作系统默认的磁盘分区模式是 GPT。parted 命令是 openEuler 中对 GPT 分区类型磁盘进行分区的命令。

【示例 5-4】

```
#交互式分区
[root@localhost ~]# parted /dev/sdc          #使用 parted 分区命令
```

```
GNU Parted 3.3
Using /dev/sdc
Welcome to GNU Parted! Type 'help' to view a list of commands.
(parted) help           #若不清楚如何操作，可以输入"help"查看帮助信息
   align-check TYPE N                check partition N for TYPE(min|opt) alignment
   help [COMMAND]                    print general help, or help on COMMAND
   mklabel,mktable LABEL-TYPE        create a new disklabel (partition table)
   mkpart PART-TYPE [FS-TYPE] START END    make a partition
   name NUMBER NAME                  name partition NUMBER as NAME
   print [devices|free|list,all|NUMBER]    display the partition table,
available devices, free space, all found  partitions, or a particular partition
   quit                             exit program
   rescue START END                 rescue a lost partition near START and END
   resizepart NUMBER END            resize partition NUMBER
   rm NUMBER                        delete partition NUMBER
   select DEVICE                    choose the device to edit
   disk_set FLAG STATE              change the FLAG on selected device
   disk_toggle [FLAG]               toggle the state of FLAG on selected device
   set NUMBER FLAG STATE            change the FLAG on partition NUMBER
   toggle [NUMBER [FLAG]]           toggle the state of FLAG on partition NUMBER
   unit UNIT                        set the default unit to UNIT
   version                          display the version number and copyright
information of GNU Parted
(parted) mklabel gpt       #设置磁盘分区表模式为GPT
Warning: The existing disk label on /dev/sdc will be destroyed and all data on
this disk will be lost. Do you want
to continue?
Yes/No? yes            #确认
(parted) mkpart        #创建新分区
Partition name?  []? gpt1       #设置分区名称
File system type?  [ext2]? xfs       #设置分区格式化时采用的文件系统类型
Start? 0KB          #设置分区起始位置
End? 2GB        #设置分区结束位置
Warning: You requested a partition from 0.00B to 2000MB (sectors 0..3906250).
The closest location we can manage is 17.4KB to 2000MB (sectors 34..3906250).
Is this still acceptable to you?
Yes/No? yes          #确认
Warning: The resulting partition is not properly aligned for best performance:
34s % 2048s != 0s
Ignore/Cancel? Ignore     #忽略告警
(parted) print        #输出分区信息
Model: Virtio Block Device (virtblk)
Disk /dev/sdc: 10.7GB
Sector size (logical/physical): 512B/512B
Partition Table: gpt
Disk Flags:

Number  Start   End     Size    File system  Name  Flags
 1      17.4KB  2000MB  2000MB  xfs          gpt1            #这就是前述步骤创建的分区
(parted) quit
Information: You may need to update /etc/fstab
```

【示例 5-5】

```
#非交互式分区
[root@localhost ~]# parted /dev/sdc mkpart gpt2 2001M 5G          #创建分区，设置起
始和结束位置
Information: You may need to update /etc/fstab.

[root@localhost ~]# parted /dev/sdc p          #输出分区信息
Model: Virtio Block Device (virtblk)
Disk /dev/sdc: 10.7GB
Sector size (logical/physical): 512B/512B
Partition Table: gpt
Disk Flags:

Number  Start   End     Size    File system   Name   Flags
1       17.4KB  2000MB  2000MB                 gpt1
2       2001MB  5000MB  2999MB                 gpt2   #这是前述步骤创建的分区

#因为/dev/sdc 磁盘已经设置了分区表模式是 GPT，所以这里没有重复设置。若是一块新的磁盘，需要
输入如下命令
[root@localhost ~]# parted /dev/sdc mklabel gpt
```

3. 交换分区

Linux 内核为了提高数据读写效率与速度，会将文件在内存中进行缓存，这部分内存就是缓存内存（Cache Memory）。即使程序运行结束后，缓存内存也不会自动释放。早期计算机系统由于内存空间不足，在 Linux 系统中程序频繁读写文件后，会出现可用物理内存变少的情况。当系统的物理内存不够用的时候，就需要将物理内存中的一部分空间释放出来，供当前运行的程序使用。这些被释放的空间可能来自一些很长时间没有进行任何操作的程序，交换出内存的程序被临时保存到交换分区中，等到这些程序要运行时，再从交换分区中恢复到内存中。系统总是在物理内存不够时，才进行交换。

要查看交换分区的大小以及使用情况，使用 free 命令即可。

【示例 5-6】

```
#查看交换分区大小
[root@localhost ~]# free
            total       used       free     shared  buff/cache   available
Mem:      1513184     211632     736324       2292      565228      952928
Swap:     2097148          0    2097148
```

另外还可以使用 swapon 命令查看当前交换分区相关信息。

【示例 5-7】

```
#查看当前交换分区相关信息
[root@openEuler03 ~]# swapon -s
Filename            Type        Size       Used    Priority
/dev/dm-1           partition   2097148    0       -2
```

当交换分区不足时，可以将其他分区或者空的大文件格式化成交换分区，然后利用 swapon 命令启用该分区以扩展交换分区。

5.2 逻辑卷管理

逻辑卷管理（Logical Volume Manager，LVM）是 Linux 操作系统对磁盘分区进行管理的一种方法，最早是在 Linux 内核的 2.4 版本上出现的。从前面的学习中我们已经熟悉了 Linux 系统的磁盘分区，但是在实际工作中，我们很难正确评估一个应用所需分区空间的大小，当应用数据量快速增长后，会出现传统的分区空间不足的情况。一旦分区空间不足，传统的磁盘管理方法将无法在确保数据安全的前提下扩展分区空间。LVM 技术的出现从根本上解决了这个难题，用户可以在不停机的情况下调整分区大小，分区有时也被称为"卷"。同时 LVM 也附带其他高级功能，进一步提升了数据安全性。

5.2.1 LVM 介绍

LVM 是一种 Linux 分区管理方法。通过 LVM 对磁盘的管理，root 用户可以在不重新分配磁盘空间的情况下动态调整分区大小，且不必太担心数据会丢失。若随着业务的高速发展，数据量激增，root 用户可以随时增加新的磁盘，用于扩展分区。

LVM 具有如下优点：

- 使用 LVM 创建的卷可以横跨多个磁盘，因此卷大小不再受限于物理磁盘大小；
- 可以动态扩展卷以及文件系统大小，不用停机，对业务系统影响小；
- 可以配置卷镜像，使得数据保存在系统中多个磁盘上，提升存储可靠性；
- 可以很方便地导出整个卷组的配置，并将其导入另一台主机，简化管理。

当然，LVM 并不是全能的，也具有一些缺点：

- 因为卷可以横跨多个磁盘，所以会提升整体故障率，当某个磁盘故障时，可能会导致卷不可用；
- 因增加了块空间处理层，所以存储系统性能会有所下降；
- 当缩减卷容量时，为保证数据安全，必须暂停业务。

5.2.2 LVM 实现原理

简单来讲，LVM 实现的原理是将多个磁盘或分区组合在一起，形成一个大的空间，然后再从其中划分逻辑卷。划分的逻辑卷类似于普通分区，可以格式化文件系统，可以在挂载后被使用。LVM 实现原理如图 5-2 所示。

LVM 技术中的相关概念如下。

- 物理卷（Physical Volume，PV）是组成逻辑卷的基础，对应着一个磁盘或一个分区。物理分区要想配置成逻辑卷，必须要被初始化为 PV，初始化后，系统会在设备起点设置 LVM 标签。LVM 标签提供了一种正确标识物理设备的序列，由于系统启动时设备可能以任意顺序启动，从而导致设备名发生变化。LVM 标签标识了设备是一个物理卷，该标签包含物理卷的 UUID、以字节为单位计算的块设备大小以及 LVM 元数据的存储位置。

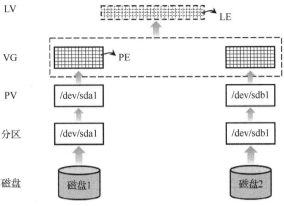

图 5-2　LVM 实现原理

- 卷组（Volume Group，VG）是一个或者多个 PV 的集合，这样就建立了一个大的存储池供逻辑卷使用。在 VG 内部，可用空间被划分成固定大小的单元块（Extent），也就是下面要提到的物理块。
- 物理块（Physical Extent，PE）是 PV 中可分配的最小存储单元，默认大小是 4MB，可以在创建 VG 时加上-s 选项设置 PE 大小。VG 创建成功后，PE 大小也就固定了。
- 逻辑块（Logical Extent，LE）是组成逻辑卷的最小存储单元，大小和 PE 一样。LE 通常和 PE 是一一对应的，在创建镜像卷时，一个 LE 对应多个 PE，从而做到一份数据保存多份，提升系统可靠性。在创建一些特殊卷时，如快照卷，LE 不可以用完所有的 PE，PE 需要有预留空间用于存储快照数据。
- 逻辑卷（Logical Volume，LV）类似于一个分区，是建立在 VG 之上的，不会直接对应某个连续的物理存储空间。LVM 的 VG 可以被划分成多个 LV。

LV 也有很多种类，常见的有线性卷、条带 LV、RAID（Redundant Arrays of Independent Disks，独立磁盘冗余阵列）LV、精简配置 LV、快照 LV 等。

- 线性卷支持将多个 PV 整合为一个 LV，其物理存储地址是连续的。线性卷可以按顺序为 LV 的区域分配物理扩展范围，线性卷在存储时会先将来自同一个 PV 的 PE 空间用完，再使用来自下一个 PV 的 PE 空间。
- 条带 LV 也支持将多个 PV 整合为一个 LV。与线性卷不同的是，条带 LV 通过条带化控制数据向 PV 写入的方法，即通过轮询调度模式向预定数目的 PV 写入数据。这种方式可以提升存储性能。此种方式类似于 RAID 0，数据在写入时按照条带大小进行切片，第一个分片存入第一个 PV，第二个分片存入第二个 PV，以此类推，直到所有 PV 都写了一轮数据后再从第一个 PV 开始写入数据。
- RAID LV 在 LVM 支持 RAID 1/4/5/6/10，也支持快照。
- 精简配置 LV（简称精简卷）支持存储空间精简分配，这样可以节省存储空间的使用，且能够创建出超出 VG 可用大小的 LV。
- 快照 LV 支持系统对任意时间卷内的数据创建快照，以保存创建时卷内数据的一致性副本。此种方式可以在占用极少存储空间的情况下快速获得创建快照时间点的可用数据副本。在原始数据发生变化时，可以利用快照快速恢复数据至快照创建时间点。创建快照 LV 需要在 VG 中预留空间，以便当原 LV 发生数据修改时，复制数据至预留空间中加以保存。通常，对于较少更新的原始数据，预留原始容量的 3%～5%就足以进行快照维护。但需要注意的是，若快照空间已满，快照将会因无法跟踪原 LV 的数据更改而失效。因此，在实际使用中，需要常规监控快照大小。

从图 5-2 中可以看出，LVM 通过逻辑空间与物理空间的分割与组合实现了 LV 空间管理。这样做的好处是可以修改 LE 与 PE 的对应关系，或者 LV 中 LE 的数量，实现数据迁移或卷大小可调。

5.2.3　LVM 管理实战

1. 创建并使用 LV

创建并使用 LV 的大体步骤是先创建 PV，其次创建 VG，再创建 LV，最后将 LV 格式化并挂载。但是，为保证实操的可行性，此处需要给 openEuler 虚拟机新增两块磁盘。使用 LVM 卷管理工具创建并使用 LV 的具体步骤如下。

【示例 5-8】

```
#创建 PV /dev/sdb1 和/dev/sdc1
[root@openEuler ~]# pvcreate /dev/sdb1 /dev/sdc1
  Physical volume "/dev/sdb1" successfully created.
  Physical volume "/dev/sdc1" successfully created.
#查看所有 PV 信息
[root@openEuler ~]# pvs
  PV           VG         Fmt    Attr PSize   PFree
  /dev/sda2 openeuler    lvm2a--      14.00g  4.00m
  /dev/sdb1              lvm2---      <10.00g <10.00g
  /dev/sdc1              lvm2---      <10.00g <10.00g
#查看 PV /dev/sdb1 具体信息
[root@openEuler ~]# pvdisplay /dev/sdb1
  "/dev/sdb1" is a new physical volume of "<10.00 GiB"
  --- NEW Physical volume ---
  PV Name               /dev/sdb1
  VG Name
  PV Size               <10.00 GiB
  Allocatable           NO
  PE Size               0
  Total PE              0
  Free PE               0
  Allocated PE          0
  PV UUID               DX5HOn-RYkn-vGDe-m0i5-MW0p-MzDR-JE078E
```

【示例 5-9】

```
#使用 vgcreate 创建名为 testvg 的 VG，设置 PE 大小为 8MiB
[root@openEuler ~]# vgcreate -s 8m testvg /dev/sdb1
  Volume group "testvg" successfully created
#查看系统 VG
[root@openEuler ~]# vgs
  VG        #PV #LV #SN   Attr     VSize   VFree
  openeuler 1   2   0     wz--n-   14.00g  4.00m
```

```
    testvg     1    0    0        wz--n-   9.99g   9.99g
```
#查看 testvg 具体信息
```
[root@openEuler ~]# vgdisplay testvg
  --- Volume group ---
  VG Name                testvg
  System ID
  Format                 lvm2
  Metadata Areas         1
  Metadata Sequence No   1
  VG Access              read/write
  VG Status              resizable
  MAX LV                 0
  Cur LV                 0
  Open LV                0
  Max PV                 0
  Cur PV                 1
  Act PV                 1
  VG Size                9.99 GiB
  PE Size                8.00 MiB
  Total PE               1279
  Alloc PE / Size        0 / 0
  Free  PE / Size        1279 / 9.99 GiB
  VG UUID                FPbt3A-8p8n-iHq2-PcZd-EMda-7j2E-4tlSVb
```

【示例 5-10】

#使用 lvcreate 创建包含 256 个 LE 且名为 testlv 的 LV
```
[root@openEuler ~]# lvcreate -l 256 -n testlv testvg
  Logical volume "testlv" created.
```
#查看系统 LV
```
[root@openEuler ~]# lvs
  LV      VG        Attr      LSize   Pool Origin Data%  Meta%  Move Log
Cpy%Sync Convert
  root    openeuler -wi-ao---- 10.00g
  swap    openeuler -wi-ao---- 4.00g
  testlv  testvg    -wi-a----- 2.00g
```
#查看 testlv 具体信息
```
[root@openEuler ~]# lvdisplay /dev/testvg/testlv
  --- Logical volume ---
  LV Path                /dev/testvg/testlv
  LV Name                testlv
  VG Name                testvg
  LV UUID                0ZdAZ7-kA7e-piNP-ineK-D4bQ-nG31-SyeI4x
  LV Write Access        read/write
  LV Creation host, time openEuler, 2020-10-27 15:40:13 +0800
  LV Status              available
  # open                 0
  LV Size                2.00 GiB
  Current LE             256
  Segments               1
  Allocation             inherit
  Read ahead sectors     auto
  - currently set to     8192
  Block device           253:2
```

【示例 5-11】

```
#使用 LV
#将 testlv 格式化为 Ext4 文件系统
[root@openEuler ~]# mkfs.ext4 /dev/testvg/testlv
mke2fs 1.45.3 (14-Jul-2019)
Creating filesystem with 524288 4k blocks and 131072 inodes
Filesystem UUID: 6946de79-e5a9-4fea-94a7-e2c68d52dd5e
Superblock backups stored on blocks:
        32768, 98304, 163840, 229376, 294912

Allocating group tables: done
Writing inode tables: done
Creating journal (16384 blocks): done
Writing superblocks and filesystem accounting information: done

#创建挂载点，并挂载该文件系统
[root@openEuler ~]# mkdir /mnt/lvm
[root@openEuler ~]# mount /dev/testvg/testlv /mnt/lvm/
#查看系统挂载情况
[root@openEuler ~]# df -Th
Filesystem              Type      Size    Used    Avail  Use% Mounted on
devtmpfs                devtmpfs  725M    0       725M   0%   /dev
tmpfs                   tmpfs     739M    12K     739M   1%   /dev/shm
tmpfs                   tmpfs     739M    632K    739M   1%   /run
tmpfs                   tmpfs     39M     0       739M   0%   /sys/fs/cgroup
/dev/mapper/openeuler-root ext4   9.8G    2.7G    6.7G   29%  /
tmpfs                   tmpfs     739M    8.0K    739M   1%   /tmp
/dev/sda1               ext4      283M    139M    126M   53%  /boot
tmpfs                   tmpfs     148M    0       148M   0%   /run/user/0
/dev/mapper/testvg-testlv ext4    2.0G    6.0M    1.8G   1%   /mnt/lvm
```

正常情况下，上述挂载状态不会随系统启动自动挂载。此时需要修改/etc/fstab 文件挂载项，设置自动挂载。

【示例 5-12】

```
#使用 Vim 编辑器编辑/etc/fstab 文件，在文件末尾新增一行，写入如下信息
/dev/testvg/testlv   /mnt/lvm    ext4    defaults0 0
```

到目前为止，LV 已经完成创建并可以正常使用了。但是在实际使用过程中可能会遇到空间规划上不足的问题，需要调整 LV 的空间。

2. 动态调整 LV 空间

在前述的操作步骤中，我们创建了一个 2GiB 的 LV 并对其进行了格式化。在实际使用过程中可能会遇到该空间太大或太小的问题，此时我们需要动态调整 LV 和文件系统的空间。需要注意的是，扩展 LV 及文件系统空间时不需要卸载文件系统；缩减逻辑卷及文件系统空间时，为保障数据可靠性，需要卸载文件系统后再缩减。LV 扩容和缩容的步骤请参考如下示例。

【示例 5-13】

```
#将/dev/sdc1 扩展到 testvg 卷组中
[root@openEuler ~]# vgextend testvg /dev/sdc1
   Volume group "testvg" successfully extended
```

```
#查看系统 PV 信息
[root@openEuler ~]# pvs
  PV              VG          Fmt     Attr    PSize    PFree
  /dev/sda2       openeuler   lvm2    a--     14.00g   4.00m
  /dev/sdb1       testvg      lvm2    a--     9.99g    7.99g
  /dev/sdc1       testvg      lvm2    a--     9.99g    9.99g
#查看 testvg 信息
[root@openEuler ~]# vgdisplay testvg
  --- Volume group ---
  VG Name                testvg
  System ID
  Format                 lvm2
  Metadata Areas         2
  Metadata Sequence No   3
  VG Access              read/write
  VG Status              resizable
  MAX LV                 0
  Cur LV                 1
  Open LV                1
  Max PV                 0
  Cur PV                 2
  Act PV                 2
  VG Size                19.98 GiB
  PE Size                8.00 MiB
  Total PE               2558
  Alloc PE / Size        256 / 2.00 GiB
  Free  PE / Size        2302 / 17.98 GiB
  VG UUID                FPbt3A-8p8n-iHq2-PcZd-EMda-7j2E-4tlSVb
#扩大 LV，增加 10GiB 存储空间
[root@openEuler ~]# lvextend -L +10G /dev/testvg/testlv
  Size of logical volume testvg/testlv changed from 2.00 GiB (256 extents) to
12.00 GiB (1536 extents).
  Logical volume testvg/testlv successfully resized.
#查看系统 LV 信息
[root@openEuler ~]# lvs
  LV      VG          Attr      LSize   Pool  Origin  Data%  Meta%  Move  Log
Cpy%Sync Convert
  root    openeuler   -wi-ao----  10.00g
  swap    openeuler   -wi-ao----  4.00g
  testlv  testvg      -wi-ao----  12.00g
#扩展文件系统大小
[root@openEuler ~]# resize2fs /dev/testvg/testlv    #同步文件系统容量到内核
resize2fs 1.45.3 (14-Jul-2019)
Filesystem at /dev/testvg/testlv is mounted on /mnt/lvm; on-line resizing required
old_desc_blocks = 1, new_desc_blocks = 2
The filesystem on /dev/testvg/testlv is now 3145728 (4k) blocks long.
#查看系统挂载，确认文件系统空间扩容结果
[root@openEuler ~]# df -Th
Filesystem              Type    Size  Used  Avail  Use%  Mounted on
/dev/mapper/testvg-testlv  ext4  12G   10M   12G    1%   /mnt/lvm
...
#可以看到此时文件系统空间已经变为 12GiB
```

若在系统运行后发现 LV 的空间分配不合理，此时可以将过大的 LV 进行缩容，然后将空闲空间添加进空间不足的 LV 中。需要注意的是，LV 的缩容是高危操作，一定要在确保数据安全的前提下进行！

【示例 5-14】

```
#缩减 LV
#取消文件系统挂载
[root@openEuler ~]# umount /mnt/lvm
#检查文件系统使用情况
[root@openEuler ~]# e2fsck -f /dev/testvg/testlv
e2fsck 1.45.3 (14-Jul-2019)
Pass 1: Checking inodes, blocks, and sizes
Pass 2: Checking directory structure
Pass 3: Checking directory connectivity
Pass 4: Checking reference counts
Pass 5: Checking group summary information
/dev/testvg/testlv: 11/786432 files (0.0% non-contiguous), 68304/3145728 blocks
#重新指定文件系统大小
[root@openEuler ~]# e2fsck -f /dev/testvg/testlv
e2fsck 1.45.3 (14-Jul-2019)
Pass 1: Checking inodes, blocks, and sizes
Pass 2: Checking directory structure
Pass 3: Checking directory connectivity
Pass 4: Checking reference counts
Pass 5: Checking group summary information
/dev/testvg/testlv: 11/786432 files (0.0% non-contiguous), 68304/3145728 blocks
[root@openEuler ~]# resize2fs /dev/testvg/testlv 2G
resize2fs 1.45.3 (14-Jul-2019)
Resizing the filesystem on /dev/testvg/testlv to 524288 (4k) blocks.
The filesystem on /dev/testvg/testlv is now 524288 (4k) blocks long.
#将 testlv 修改为不活动状态
[root@openEuler ~]# lvchange -a n /dev/testvg/testlv
#缩减 LV 为 2GiB
[root@openEuler ~]# lvreduce -L 2G /dev/testvg/testlv
    Size of logical volume testvg/testlv changed from 12.00 GiB (1536 extents) to
2.00 GiB (256 extents).
    Logical volume testvg/testlv successfully resized.
#修改 testlv 为活动状态
[root@openEuler ~]# lvchange -a y /dev/testvg/testlv
#检查文件系统
[root@openEuler ~]# e2fsck -f /dev/testvg/testlv
e2fsck 1.45.3 (14-Jul-2019)
Pass 1: Checking inodes, blocks, and sizes
Pass 2: Checking directory structure
Pass 3: Checking directory connectivity
Pass 4: Checking reference counts
Pass 5: Checking group summary information
/dev/testvg/testlv: 11/131072 files (0.0% non-contiguous), 26156/524288 blocks
#重新挂载文件系统
[root@openEuler ~]# mount /dev/testvg/testlv /mnt/lvm/
```

```
#查看文件系统大小
[root@openEuler ~]# df -h
Filesystem              Size    Used    Avail    Use% Mounted on
devtmpfs                725M    0       725M     0%   /dev
tmpfs                   739M    12K     739M     1%   /dev/shm
tmpfs                   739M    632K    739M     1%   /run
tmpfs                   739M0   739M            0%   /sys/fs/cgroup
/dev/mapper/openeuler-root 9.8G 2.7G6.7G29%/
tmpfs                   739M    8.0K    739M     1%   /tmp
/dev/sda1               283M    139M    126M     53%  /boot
tmpfs                   148M    0       148M     0%   /run/user/0
/dev/mapper/testvg-testlv 2.0G  6.0M    1.9G     1%   /mnt/lvm
#从 testvg 中移除/dev/sdc1
[root@openEuler ~]# vgreduce testvg /dev/sdc1
   Removed "/dev/sdc1" from volume group "testvg"
#删除 PV /dev/sdc1
[root@openEuler ~]# pvremove /dev/sdc1
   Labels on physical volume "/dev/sdc1" successfully wiped.
#经过上述步骤处理后，多余的空间又再次被释放
```

3. 删除 LV

LV 可以被创建，也可以被删除。配置错误的情况下可以参考示例 5-15 依次删除前面 LVM 创建的 LV、VG 和 PV。切记，在实际工作中，不要轻易执行以下示例中的步骤，否则会导致数据丢失。

【示例 5-15】

```
#删除 LV
#取消文件系统挂载
[root@openEuler ~]# umount /mnt/lvm
#使用 Vim 编辑器编辑/etc/fstab 文件，删除有关/dev/testvg/testlv 的行信息
#删除 testlv
[root@openEuler ~]# lvremove /dev/testvg/testlv
Do you really want to remove active logical volume testvg/testlv? [y/n]: y
   Logical volume "testlv" successfully removed
#删除 testvg
[root@openEuler ~]# vgremove testvg
   Volume group "testvg" successfully removed
#删除 PV /dev/sdb1
[root@openEuler ~]# pvremove /dev/sdb1
   Labels on physical volume "/dev/sdb1" successfully wiped.
#至此，前述步骤中创建的 LV、VG 和 PV 均被删除
```

5.3 本章练习

1. 创建两块大小为 20GB 的磁盘挂载给虚拟机，并在 openEuler 操作系统内创建一个大小为 30GB、PE 大小为 8MB 的 LV。将该 LV 格式化为 Ext4 文件系统，并挂载到/mnt/lvm 目录。在该文件系统中新建一个 test 文件。

2. 对第 1 题的文件系统进行缩减，要求缩减到 25GB，且不得损坏 test 文件。

第6章
Shell脚本编程基础

06

学习目标

- 了解变量的使用方式。
- 了解环境变量、系统预定义变量、全局与局部变量。
- 了解 Shell 脚本的基本框架。
- 掌握 Shell 脚本中输入输出、引用、判断、条件及循环语句的使用方法。

　　Shell 是用 C 语言编写的程序，提供了用户与系统内核交互的接口，方便用户使用。Shell 既是一种命令语言，又是一种程序设计语言。作为命令语言，它互动式地解释和执行用户输入的命令；而作为程序设计语言，它支持定义各种变量和参数，并提供许多高级编程语言才具有的控制结构，例如循环和分支结构。Linux 操作系统中承担系统管理与维护工作的大量程序都是由 Shell 脚本实现的，用户可以编写由 Shell 命令组成的程序脚本，使操作与运维更加便捷、高效。本章将基于 openEuler 操作系统中默认的 bash Shell，介绍 Shell 脚本编程基础。

6.1 变量

　　变量即可变化的量，是有名称的内存空间，用来存放各类数据。在任何一种程序设计语言中，变量都是不可缺少的部分。学习 Shell 脚本编程的第一步是了解变量。

6.1.1 变量的使用

1. 定义变量

在 Shell 里定义变量时，不需要指定数据类型，通过直接赋值就可以实现对变量的定义。

【示例 6-1】

```
#定义变量 a 并赋值
[root@openEuler ~]# a=1
```

　　Shell 在赋值变量时，无论是否使用引号，无论将整数还是小数赋给变量，值都会默认以字符串的形式进行存储。这一点与其他编程语言有所不同。

　　此外，也可以使用 declare 关键字显式定义变量的类型。declare 后可加参数用于定义变量的类型，如-i 表示定义整数变量，-a 表示定义数组变量，-f 表示定义函数变量，-r 表示定义只读变量。但在一般情况下，如果没有定义变量类型的需求，只需要在编写 Shell 代码时注意变量的类型即可。

【示例 6-2】

```
#显式定义整数变量 aa
[root@openEuler ~]# declare -i aa
```

变量的命名有以下规范。

- 只能由英文字母、数字和下画线组成。
- 首个字符不能为数字。
- 不能使用标点符号。
- 不能使用 bash Shell 里的保留关键字（保留关键字可使用 help 命令查看）。

如 1bce3、abc*def 等是无效的变量名，_test、var1 等是可以正常使用的变量名。

2. 引用变量

如果想要引用已经定义过的变量，只需要使用"$变量名"。变量名前也可以选择不加或者加花括号"{ }"，加花括号有助于开发者识别变量的边界，是一个良好的编程习惯。

3. 赋值变量

赋值操作可以在一条命令中实现定义和赋值变量。假设变量名为 var，值为 value。此时可以用下面 3 种方式对 var 进行定义及赋值：

```
var=value
var='value'
var="value"
```

要注意的是，如果值 value 中不包含任何如空格、缩进等特殊字符时，就可以省略引号。同时，赋值的等号周围一定不能有空格。已经被定义过的变量，可以被重新赋值。但要注意，如果使用 readonly 命令，将变量定义为只读变量后，除了第一次赋值外，在后续尝试更改只读变量值时，系统会报错，值将无法被修改。

【示例 6-3】

```
#定义只读变量 var1 并赋值为 ok，后尝试重新赋值为 yes，系统会报错
[root@openEuler ~]# readonly var1='ok'
[root@openEuler ~]# var1='yes'
-bash: var: readonly variable
```

赋值时使用单引号和双引号也是有区别的。使用单引号"' '"为变量赋值时，单引号里的内容就是输出的内容。即使内容中包含变量和命令，也会将它们原样输出。因此，单引号比较适合定义纯字符串的情况，或者是不需要解析变量或者命令的情况。

【示例 6-4】

```
#使用单引号为变量赋值并输出
[root@openEuler ~]# var2=123
[root@openEuler ~]# var3='ABC=$var2'
[root@openEuler ~]# echo $var3
ABC=$var2
```

而如果使用双引号"" ""为变量赋值，在输出前会解析引号内的变量和命令。因此，双引号比较适合字符串中含有变量和命令，并且希望能先对其进行解析后输出的情况。

【示例 6-5】

```
#使用双引号为变量赋值并输出
[root@openEuler ~]# var2=123
[root@openEuler ~]# var4="ABC=$var2"
[root@openEuler ~]# echo $var4
ABC=123
```

除此之外，Shell 也支持直接将命令的执行结果赋给变量。假设变量名为 var，命令为 command。此时可以用以下的两种方式进行赋值：

```
var=`command`
var=$(command)
```

第一种方式中，使用了反引号 "``" 将命令包围。第二种方式中，使用了 $() 将命令包围。两种方式都能输出 command 对应的执行结果，它们执行的效果相同。

【示例 6-6】

```
#使用反引号为变量赋值并输出
[root@openEuler ~]# var5=`ls -l /opt`
[root@openEuler ~]# echo $var5
total 4 drwxr-xr-x. 4 root root 4096 Jan 17 14:35 patch_workspace
```

【示例 6-7】

```
#使用$()为变量赋值并输出
[root@openEuler ~]# var6=$(ls -l /opt)
[root@openEuler ~]# echo $var6
total 4 drwxr-xr-x. 4 root root 4096 Jan 17 14:35 patch_workspace
```

4. 删除变量

如果想要删除已经定义的变量，可以使用 unset 命令。变量被删除后，将无法再次使用。

【示例 6-8】

```
#删除变量 var1
[root@openEuler ~]# unset var1
```

6.1.2 环境变量介绍

在 bash Shell 中，环境变量存储某些和系统相关的数据。Linux 是一类支持多用户的操作系统，不同用户登录系统时，都会有专用的运行环境。在默认情况下，各用户的默认环境是相同的，默认环境就是一组环境变量。除此之外，用户也可以通过修改环境变量的方式，定义各自的运行环境。因此可以把环境变量分为系统级、用户级、会话级 3 个级别。

会话级环境变量只在当前的 Shell 中有效，当该 Shell 关闭时，变量及其值就会失效。用户级环境变量写在登录用户的~/.bash_profile 文件中，只对当前用户有效。系统级环境变量写在系统的配置文件/etc/profile 中，对操作系统中的所有用户都有效。

1. 会话级环境变量

使用 export 命令，可以在当前 Shell 中添加会话级环境变量。被添加会话级环境变量的 Shell 进程称为父进程。如果在父进程中创建一个新的进程来执行 Shell 命令，那么这个新的进程被称作子进程。子进程产生时，会继承父进程的环境变量。两个没有父子关系的 Shell 进程是不能传递环境变量的，同时也只能由父到子地向下传递而不能反向传递环境变量。

【示例 6-9】

```
#在父进程中定义会话级环境变量 a
[root@openEuler ~]# export a=1
[root@openEuler ~]# echo $a
1
#进入子进程，子进程可以继承父进程的环境变量 a
[root@openEuler ~]# bash
[root@openEuler ~]# echo $a
1
#当 Shell 关闭后，子进程无法继续使用环境变量 a
[root@openEuler ~]# exit
```

2. 用户级环境变量

在登录用户的~/.bash_profile 文件中写入对应环境变量，后续用该用户登录时，能使用该用户级环境变量。

【示例 6-10】

```
#定义用户级环境变量 b
[root@openEuler ~]# vim ~./bash_profile
export b=1
#使用 source 命令使环境变量生效
[root@openEuler ~]# source ~/.bash_profile
[root@openEuler ~]# echo $b
1
#当再次使用该用户登录 Shell 会话，仍可继续使用环境变量 b
[root@openEuler ~]# echo $b
1
```

3. 系统级环境变量

在系统配置文件/etc/profile 中写入对应环境变量，操作系统中的所有用户都能使用该系统级环境变量。

【示例 6-11】

```
#定义系统级环境变量 c
[root@openEuler ~]# vim /etc/profile
export c=1
#使用 source 命令使环境变量生效
[root@openEuler ~]# source /etc/profile
#当使用 root 或者其他用户登录 Shell 会话，均可继续使用环境变量 c
[root@openEuler ~]# echo $c
1
```

使用命令 env 可以查看所有的环境变量。部分常用系统环境变量如表 6-1 所示。

表 6-1　部分常用系统环境变量

环境变量名	含义
HISTSIZE	保存的历史命令记录的数量
HOSTNAME	当前的主机名称

续表

环境变量名	含义
HOME	当前的用户主目录
HTTP_PROXY	当前使用的代理服务器
LANG	当前系统的语言
LOGNAME	当前登录的用户名
PATH	当前的环境变量
SHELL	当前使用的 Shell 类型
TREM	当前终端类型
TMOUT	系统与用户交互过程中的超时值
UID	当前登录的用户的 UID，如 UID=0，说明当前为 root 用户

【示例 6-12】

```
#查看当前用户的主目录
[root@openEuler ~]# echo $HOME
/root
#查看当前使用的 Shell 类型
[root@openEuler ~]# echo $SHELL
/bin/bash
#查看当前系统的语言
[root@openEuler ~]# echo $LANG
en_US.UTF-8
```

6.1.3 系统预定义变量

系统预定义变量是系统预先定义的变量的简称。它是由操作系统自身保留并维护的一系列特殊的变量，通常用来保存程序的相关运行状态。在使用时，系统预定义变量无法被定义、修改和赋值。

表 6-2 所示为常用的系统预定义变量及其对应功能。

表 6-2 常用的系统预定义变量及其对应功能

系统预定义变量	功能
$0	获取脚本名称或输出脚本路径
$1,$2,…,$n	获取执行脚本名称后的第 n 个参数值
$#	获取执行脚本名称后的参数个数
$*	获取执行脚本名称后的所有参数
$@	获取执行脚本名称后的所有参数
$?	获取上一条命令的退出状态或者函数的返回值，返回值为 0 表示没有错误，返回值非 0 表示有错误
$$	获取当前 Shell 的进程的 PID
$!	获取后台运行的最后一个进程的 PID

在使用系统预定义变量时，还有几点注意事项。

- $1,$2,…,$n 也可以称为位置变量。
- 当 $n>9$ 时，获取参数值时需要使用{ }，例如${10}。
- $*、$@都能实现获取所有参数的功能，但它们也有所不同。在加双引号时，"$*"会将所有参数看成一个整体字符串，而"$@"会把每个参数用"""分开。

【示例 6-13】

```
#编写 test1.sh，以输出常用的系统预定义变量
[root@openEuler ~]# vim test1.sh
#!/bin/bash
#获取脚本文件名
echo $0

#执行 test1.sh，输出结果
[root@openEuler ~]# sh test1.sh
test1.sh


#编写 test2.sh，以输出常用的系统预定义变量
[root@openEuler ~]# vim test2.sh
#!/bin/bash
#获取第 1、2、3 个参数
echo $1,$2,$3

#执行 test2.sh，输出结果
[root@openEuler ~]# sh test2.sh 1 2 3 4 5
1,2,3


#编写 test3.sh，以输出常用的系统预定义变量
[root@openEuler ~]# vim test3.sh
#!/bin/bash
#获取执行脚本时脚本名称后的所有参数
echo $@

#执行 test3.sh，输出结果
[root@openEuler ~]# sh test3.sh 1 2 3 4 5
1 2 3 4 5
```

6.1.4 全局和局部变量

Shell 中的变量有各自的作用范围（作用域）。在不同的作用范围内，即使变量同名，它们之间也不会互相影响。根据作用范围的不同，变量分为三大类。在当前 Shell 的进程中可以使用的变量称为全局变量；只能在函数内部使用的变量称为局部变量；如果变量还可以在子进程中使用，它就是前面介绍过的环境变量。

在 Shell 中定义的变量，默认就是全局变量，对于不同的 Shell 进程，全局变量彼此之间互不影

响，它们有各自的作用范围。如果现在同时打开两个 Shell 会话连接到操作系统，在一个 Shell 会话中，定义变量 a=1，此时 echo $a，显示取值为 1；而在另一个 Shell 会话中，同样执行 echo $a，显示取值为空。这就证明它们之间具有互不相关性。

而在函数中，全局变量与局部变量的区别更为明显。Shell 和其他编程语言一样，支持自定义函数。但与其他语言不同，在 Shell 的函数中，定义过的变量默认就是全局变量。也就是说，在 Shell 的函数内部定义的变量，与在函数外部定义拥有一样的效果。这里通过一个示例帮助读者理解。

【示例 6-14】

```
#定义函数 func1
[root@openEuler ~]# function func1(){
aa=1
}
#调用函数 func1
[root@openEuler ~]# func1
#输出变量 aa 的值
[root@openEuler ~]# echo $aa
1
```

通过结果可以发现，变量 aa 虽然是在函数 func1 内部定义的，但是即使在函数外部，也可以获取到它的值。这说明它的作用范围是全局的，而不仅限于函数内部。

如果想要将变量的作用范围限制在函数内部，就需要在定义变量时，使用 local 命令，此时该变量就变成了局部变量。

【示例 6-15】

```
#定义函数 func2
[root@openEuler ~]# function func2(){
local bb=1
}
#调用函数 func2
[root@openEuler ~]# func2
#输出变量 bb 的值
[root@openEuler]# echo $bb
```

此时，变量 bb 被定义为局部变量。因此在函数外部，它就无法被调用，输出结果为空。通过上述两个示例中结果的对比，读者应能更加深刻地理解全局变量与局部变量在函数中的区别。

6.1.5 通配符

通配符出现在 Shell 命令的参数中，以进行文件匹配或路径拓展。Shell 识别到通配符中的参数后，会将其当作路径或文件名在磁盘上搜寻可能的匹配。若存在匹配项，则进行替换；否则就将该通配符作为一个普通字符传递给命令进行处理。通配符被处理后，Shell 会先完成该命令的重组，然后继续执行重组后的命令。

Shell 中常用的通配符及对应的功能如表 6-3 所示。

表 6-3　常用通配符及对应的功能

通配符	功能
*	匹配 0 个或多个字符
?	匹配任意一个字符
[list]	匹配 list 中的任意单一字符
[!list]	匹配除 list 中的任意单一字符
[c1-c2]	匹配 c1～c2 中的任意单一字符
{string1,string2,...}	匹配 sring1 或 string2（或更多）中的一个字符串

【示例 6-16】

```
#删除当前目录下的所有文件
[root@openEuler ~]# rm -rf *
#创建多个文件
[root@openEuler ~]# touch abc
[root@openEuler ~]# touch abcd
[root@openEuler ~]# touch 0bc
[root@openEuler ~]# touch 0abc
#查看当前目录下所有文件
[root@openEuler ~]# ls *
0abc  0bc  abc  abcd
#查看当前目录下文件名以 bc 结尾的文件
[root@openEuler ~]# ls *bc
0abc  0bc  abc
#查看当前目录下以数字开头的文件
[root@openEuler ~]# ls [0-9]*
0abc  0bc
```

6.2　Shell 编程基础

在 Linux 操作系统中，按照 Shell 语法编写成的文件称为 Shell 脚本。Linux 操作系统并不会以文件扩展名来识别文件类型，将 Shell 脚本文件以“.sh”结尾，主要是为了方便用户对文件进行分类。

6.2.1　Shell 脚本

下面来编写并且执行一个简单的 Shell 脚本。

（1）进入 openEuler 终端，使用 vim 命令创建一个 Shell 脚本文件 hello.sh。

```
[root@openEuler ~]# vim hello.sh
```

（2）在文件中输入以下内容保存并退出：

```
#!/bin/bash
echo 'Hello World!'
```

其中，第一行中的#!是一种特殊的表示符，后面跟着的是解释此脚本的 Shell 的路径，表示的是这个脚本使用/bin/bash 来解释并执行。第 3 章中介绍过，bash 是 openEuler 操作系统中默认使用的 Shell 解释器，它与其他的 Shell 有很好的兼容性，使用得也较为广泛。如果需要使用其他解释器，也可以在这里进行设定，如/bin/ksh、/bin/sh 等。

（3）执行 hello.sh。

一般有两种方式执行.sh 文件：

```
#第一种方式
[root@openEuler ~]# sh hello.sh
#第二种方式
[root@openEuler ~]#chmod +x hello.sh
[root@openEuler ~]#./hello.sh
```

第一种方式是直接使用 sh 命令调用脚本。在第二种方式中，chmod 是修改文件权限的命令，chmod +x hello.sh 表示对 hello.sh 文件赋予可执行的权限，"./"表示执行该文件。

（4）此时在终端界面中会显示"Hello World!"字样。

Shell 脚本中的命令将按照从上到下的顺序执行。在脚本文件编写过程中，每条命令前面的缩进不会影响命令的执行。通常情况下，每一条命令占一行。如果必须将多条命令写在同一行，命令之间可以用分号进行分隔，区分执行的先后顺序。

通过上述例子我们可以了解到，Shell 和其他编程语言一样，也内置了编程相关的功能。Shell 也支持变量的输入输出、引用、比较语句、判断语句、条件语句、循环语句等。用 Shell 编写的程序可以实现与其他语言的程序的相同效果。下面将着重对这几个方面展开详细介绍。

6.2.2 输入输出

下面来学习输入输出的相关命令。

1. read 命令

read 命令用于读取标准输入的下一行。在标准输入中，新一行从开始到换行符前包含的所有字符会被完整读取，同时也可以将其赋给相应的变量。此外，read 命令还可以结合 echo 命令，实现读取输入与输出的功能。

read 命令后可设置不同选项以实现不同的功能，如表 6-4 所示。

表 6-4 read 命令选项及功能

选项	功能
-a	设置变量名，该变量会以数组方式被复制，默认以空格作为分隔符
-p	设置提示信息，用于在输入前提示用户的信息
-e	设置在输入时，可以使用命令补全功能
-n	设置输入文本的长度
-s	设置在输入时不在屏幕上显示，多用于输入密码的场景
-t	设置输入字符的等待时间

【示例 6-17】

```
#使用 read 命令读取输入中的 5 个字符，并提示信息 "input word:"
[root@openEuler ~]# read -p "input word:" -n 5
input word:abcdf
```

2. echo 命令

echo 命令支持将信息发送到标准的输出设备，此时，传输的信息将以字符串的方式保存。除此之外，echo 命令还可以用来输出变量的值。

echo 命令后可设置选项以实现不同的功能，如表 6-5 所示。

表 6-5　echo 命令选项及功能

选项	功能
-n	忽略结尾的换行符
-e	启用对反斜线\后特殊字符的解释
-E	禁用对反斜线\后特殊字符的解释（默认方式）

【示例 6-18】

```
#使用 echo 命令输出 "Hello World"，两个单词间用 "Tab" 键隔开
[root@openEuler ~]# echo -e "Hello\tWorld"
Hello      World
```

3. printf 命令

printf 命令和 echo 命令的功能类似，也可以用于输出变量的值，同时支持按指定格式输出对应的结果。需要注意的是，printf 命令默认在结尾不换行，如果需要输出并换行，可在需要换行的位置加上\n。同时，printf 命令只进行格式化输出，并不会改变任何结果。比如在格式化浮点数的输出中，浮点数是不变的，改变的只是显示的结果。

printf 命令的格式替代符中，%s 表示输出字符串，%d 表示输出整数，%c 表示输出字符，%f 表示输出浮点数。

【示例 6-19】

```
#使用 printf 命令输出 "Hello World" 并换行
[root@openEuler ~]# printf "Hello\nWorld"
Hello
World
#使用 printf 命令输出
[root@openEuler ~]# printf "%s\t %s\t\n%s" Anny Bob Candy
Anny Bob
Candy
```

6.2.3　引用

在 Shell 中，有一些字符是有特殊含义的，部分常用特殊字符如表 6-6 所示。如果想要使用这些字符的字面含义，就需要使用引用机制。

表6-6　部分常用特殊字符

字符	含义	字符	含义
|	管道符	$	变量引用符
&	后台执行符	空格键的输入	参数分隔符
;	命令分隔符	\t	参数分隔符
<和>	重定向符	\n	换行符
`	命令替换符	"和""	引用符

Shell 中有以下 4 种引用机制。

1.　使用转义字符

使用转义字符\可以使紧随其后的第一个特殊字符取其字面含义。如 echo \$，会得到结果$。如果接着的字符本身无特殊的含义，转义字符\将被忽略。要注意，存在一个例外，就是转义字符后接着换行符\n，此时行将继续，也就是说接下来的行内容将追加到当前命令行的末端，输出的结果中会包含字符串形式的\和\n。

【示例6-20】
```
#使用转义字符\
[root@openEuler ~]# echo abc\
> def
abcdef
```

2.　使用单引号''

在一对单引号中的所有字符都会表示其字面含义。如 echo '$user abc'，会得到结果$user abc。注意，单引号本身不能出现在一对单引号中。如 echo 'abc'def'，此时无法终结命令，因为系统会将前两个单引号判断为一组，第 3 个单引号由于没有找到与之配对的单引号，命令将无法终结。如需要显示单引号，需引入双引号来实现。

【示例6-21】
```
#显示单引号
[root@openEuler ~]# echo "abc'def"
abc'def
```

3.　使用双引号""

在一对双引号中的大部分字符都会表示其字面含义，包括以下几类字符。

（1）变量引用符$。

$可用于执行参数扩展，如取参数值 echo "$0"；进行命令替换，如 echo "$(command)"，表达式会被 command 的输出结果替换；进行算术表达式扩展，如 echo $((expr))，表达式会被 expr 的执行结果替换。

（2）反引号``。

反引号可用于命令替换，其中的表达式会以执行结果形式输出。

【示例6-22】
```
[root@openEuler ~]# echo "`ls -l /root`"
total 0-
```

（3）转义字符\。

转义字符\后加入字符$、`、"、\、\n 时，会表示字符本身字面含义。

【示例 6-23】

```
[root@openEuler ~]# echo "\\\\"
\\
```

注意，与单引号不同，双引号本身也可以通过转义字符\出现在一对双引号中。

【示例 6-24】

```
#显示双引号
[root@openEuler ~]# echo "abc\"bcd "
abc"bcd
```

4．Here-document

Here-document 是 Shell I/O 重定向功能的一种，它允许将脚本中多行的内容重定向到一个命令。此时，多行内容将作为一个整体。Here-document 可以使 Shell 脚本编写人员不必使用临时文件来构建需要输入的信息。

命令语法格式：

```
command << IDENT
...
IDENT
```

其中，<<表示引导的标记，IDENT 表示限定符，它可以由开发人员自行命名。在两个 IDENT 限定符之间的所有内容会被当作一个文件，并用作 command 的标准输入。其中常用的限定符 EOF （End Of File，文件结束符）往往用来表示自定义终止符。当然，既然是自定义的，也可以将其设置为其他名字，如 ENDOFFILE 等也都是可以的。EOF 一般会配合 cat 命令来实现多行文本输出的功能。

【示例 6-25】

```
#使用 cat 命令输出多行文本
[root@openEuler ~]# cat << EOF
> Hello World!
> This is the first time.
> EOF
Hello World!
This is the first time.
```

Here-document 还可以进行嵌套，只要使用不同名称的限定符并保证正确的嵌套关系。

6.2.4　比较语句

if 是 Shell 中的判断语句，判断语句后一般加上比较语句，系统根据比较语句的结果进行判断，并执行对应的命令。因此学习判断语句之前，先要了解 Shell 中的比较语句。通常根据比较的对象，将比较语句分成以下四大类。

1．文件比较

文件比较的部分命令、含义及对应示例如表 6-7 所示。

表 6-7　文件比较部分命令、含义及对应示例

命令	含义	示例
-e filename	如 filename 存在，则取真	[-e test.sh]
-d filename	如 filename 为目录，则取真	[-d test.sh]
-f filename	如 filename 为文件，则取真	[-f test.sh]
-L filename	如 filename 为符号链接，则取真	[-L test.sh]
-r filename	如 filename 可读，则取真	[-r test.sh]
-w filename	如 filename 可写，则取真	[-w test.sh]
-x filename	如 filename 可执行，则取真	[-x test.sh]
file1 -nt file2	如 file1 比 file2 新，则取真	[test1.sh -nt test2.sh]
file1 -ot file2	如 file1 比 file2 旧，则取真	[test1.sh -ot test2.sh]

2．数值比较

数值比较的部分命令、含义及对应示例如表 6-8 所示。

表 6-8　数值比较部分命令、含义及对应示例

命令	含义	示例
num1 -eq num2	如 num1 等于 num2，则取真	[1 -eq 1]
num1 -ne num2	如 num1 不等于 num2，则取真	[1 -ne 2]
num1 -lt num2	如 num1 小于 num2，则取真	[1 -lt 2]
num1 -le num2	如 num1 小于等于 num2，则取真	[1 -le 2]
num1 -gt num2	如 num1 大于 num2，则取真	[2 -gt 1]
num1 -ge num2	如 num1 大于等于 num2，则取真	[2 -ge 1]

3．字符串比较

字符串比较的部分命令、含义及对应示例如表 6-9 所示。

表 6-9　字符串比较部分命令、含义及对应示例

命令	含义	示例
-z string	如 string 长度为 0，则取真	[-z "$var"]
-n string	如 string 长度非 0，则取真	[-n "abc"]
string1 = string2	如 string1 与 string2 相同，则取真	["$var" = "abc"]
string1 != string2	如 string1 与 string2 不同，则取真	["$var" != "abc"]

4．逻辑比较

逻辑比较的部分命令、含义及对应示例如表 6-10 所示。

表 6-10　逻辑比较部分命令、含义与对应示例

命令	含义	示例
[condition1] && [condition2]	如 condition1 和 condition2 都为真，则取真	[1 -eq 1] && [2 -ge 1]
[condition1] || [condition2]	如 condition1、condition2 中任一为真，则取真	[1 -eq 1] || [2 -lt 1]
! [condition1]	如 condition1 为假，则取真	! [1 -ge 2]

6.2.5　判断语句

if 判断语句有 3 种使用方式：单分支语句、双分支语句和多分支语句。在 openEuler 操作系统中，通过一对 if-fi 来确定判断语句的范围。

1. 单分支语句

命令格式 1：

```
if 比较语句
then
     执行语句
fi
```

命令格式 2：

```
if 比较语句;then
     执行语句
fi
```

【示例 6-26】

```
#单分支语句
[root@openEuler ~]# if [ 20 -gt 10 ]
> then
> echo 'bigger'
> fi
bigger
```

2. 双分支语句

命令格式：

```
if 比较语句
then
     执行语句 1
else
     执行语句 2
fi
```

【示例 6-27】

```
#双分支语句
[root@openEuler ~]# if [ 10 -gt 20 ]
> then
> echo 'bigger'
> else
```

```
> echo 'smaller'
> fi
smaller
```

3. 多分支语句

命令格式:

```
if 比较语句 1
then
        执行语句 1
elif 比较语句 2
then
        执行语句 2
else
        执行语句 3
fi
```

【示例 6-28】

```
#实现如下功能: 如 70 大于 85, 输出 excellent; 如 70 大于 60, 输出 good; 否则输出 bad
[root@openEuler ~]# if [ 70 -gt 85 ]
> then
> echo 'excellent'
> elif [ 70 -gt 60 ]
> then
> echo 'good'
> else
> echo 'bad'
> fi
good
```

6.2.6 条件语句

case 是 Shell 中的条件语句, 它的使用方式与其他编程语言中的类似, 可以实现在一组可能的值中匹配特定值, 从而避免使用冗长的多分支的判断语句。在 openEuler 操作系统中, 通过一对 case-esac 来确定条件语句的范围。

命令格式:

```
case 变量 in
        取值 1|取值 2)
            执行命令 1
        ;;
            取值 3)
            执行命令 3
            ;;
            *)
        默认命令
            ;;
esac
```

case 命令会将指定的变量与每一组值进行匹配。如果变量和值是匹配的, 那么 Shell 就会执行该

值指定的命令。同时也可以使用 |，在一行中分隔出多个值，此时匹配这些值后都会指定同样的命令。*会匹配所有除已知值外的值。每一组值以双分号;;进行区分。因此 case 命令提供了一种更清晰的方法，来为变量的每个可能取值指定不同的选项。

【示例 6-29】

```
#实现如下功能：根据输入的参数 var 的值，输出对应的结果
[root@openEuler ~]# var=6
[root@openEuler ~]# case $var in
> "1")
> echo 'Monday'
> ;;
> "2")
> echo 'Tuesday'
> ;;
> "6" | "7")
> echo 'Weekend'
> ;;
> *)
> echo 'others'
> ;;
> esac
Weekend
```

6.2.7 循环语句

重复执行一系列命令在编程中很常见，比如需要重复执行一组命令直至达到某个特定条件，又如处理某个目录下的所有文件、系统上的所有用户或某个文本文件中的所有行。循环语句能快速、方便地实现这些功能。for 循环、while 循环、until 循环是 Shell 中支持的 3 类循环。

1. for 循环

Shell 中的 for 命令支持多种基本格式。在 openEuler 操作系统中，通过一对 do-done 确定循环执行命令的范围。

命令格式 1：

```
for 变量 in 取值列
do
    执行命令
done
```

命令格式 2：

```
for 变量 in 取值列; do 执行命令;
done
```

命令格式 3：

```
for ((初始值;循环控制条件;变量变化方式))
do
    执行命令
done
```

for 命令后的取值列默认用空格来分隔其中的每个取值。如果在单独的取值中有空格，就必须用

双引号包围这些值。for 命令还支持从变量列表中读取变量，例如$list。同时也支持从命令中读取变量，例如$(cat $file)。如果要使用 for 命令来自动遍历/root 目录下的文件，可以在文件名或路径名中使用通配符。此时执行 for file in /root /*，将会遍历/root 目录下的所有文件。

【示例 6-30】

```
#输出$var 中的所有值
[root@openEuler ~]# vim test1_for.sh
#!/bin/bash
var='a b c'
for i in "$var"; do
echo "$i"
done
[root@openEuler ~]# sh test1_for.sh
a b c
```

【示例 6-31】

```
#计算 1+2+…+100 的值
[root@openEuler ~]# vim test2_for.sh
#!/bin/bash
sum=0
for ((i=1;i<=100;i++))
do
sum=$[$sum+$i]
done
echo $sum
[root@openEuler ~]# sh test2_for.sh
5050
```

2. while 循环

Shell 中支持使用 while 命令实现循环的功能。在 openEuler 操作系统中，通过一对 do-done 确定循环执行命令的范围。

命令格式：

```
while 判断条件
do
执行命令
done
```

只有当判断条件为真时，才会进入循环执行命令。同时在执行命令部分，需要添加改变判断条件的命令，这样才能在有限步骤后结束 while 循环，否则会进入无限循环。

【示例 6-32】

```
#计算 1+2+…+100 的值
[root@openEuler ~]# vim test_while.sh
#!/bin/bash
i=1
sum=0
while [ $i -le 100 ]
do
sum=$[$sum+$i]
i=$[$i+1]
done
```

```
echo $sum
[root@openEuler ~]# sh test_while.sh
5050
```

3. until 循环

Shell 中支持使用 until 命令的基本格式。在 openEuler 操作系统中，通过一对 do-done 确定循环执行命令的范围。

命令格式：

```
until 判断条件
do
执行命令
done
```

与 while 命令相比，until 命令的工作原理完全相反。当判断条件为真后，until 命令才会退出循环执行命令。但同样，在执行命令部分，也需要添加改变判断条件的命令，这样才能在有限步骤后退出循环，否则会进入无限循环。

【示例 6-33】

```
#计算 1+2+…+100 的值
[root@openEuler ~]# vim test_until.sh
#!/bin/bash
i=1
sum=0
until [ $i -gt 100 ]
do
sum=$[$sum+$i]
i=$[$i+1]
done
echo $sum
[root@openEuler ~]# sh test_until.sh
5050
```

4. 嵌套循环

嵌套循环指的是在循环语句中，可以在循环内使用任意类型的命令，包括新增一层循环命令。

例如，两层 for 循环的命令格式如下：

```
for ((初始值 ; 循环控制条件 ; 变量变化方式))
do
      执行命令
      for ((初始值 ; 循环控制条件 ; 变量变化方式))
      do
        执行命令
      done
done
```

【示例 6-34】

```
#输出如下图案
1
12
123
1234
```

```
12345

[root@openEuler ~]# vim double_loop.sh
#!/bin/bash
for ((y=1;y<=5;y++))
do
    x=1
    while [ $x -le $y ]
        do
        echo -n $x
        ((x++))
        done
echo
done
[root@openEuler ~]# sh double_loop.sh
1
12
123
1234
12345
```

5. break 退出循环

使用 break 命令可以退出任意类型的循环，包括 for、while 和 until 循环。在单循环和内部当前循环中，可以直接使用 break 命令跳出循环。如果要跳出外部循环，则需要指定循环的层级，比如使用 break n，其中 n 指定了要跳出的循环层级。默认情况下，n 为 1，表明跳出的是当前的循环。如果将 n 设为 2，break 命令就会停止下一层的外部循环。

break n 的命令格式如下：

```
for ((初始值 ; 循环控制条件 ; 变量变化方式))
do
    执行命令
    for ((初始值 ; 循环控制条件 ; 变量变化方式))
    do
        if 比较语句
        then
            break n
        fi
        执行命令
    done
done
```

【示例 6-35】

```
#break 命令退出循环
[root@openEuler ~]# vim break_loop.sh
#!/bin/bash
for ((i=1;i<=5;i++))
do
        for((j=1;j<=5;j++))
        do
                if ((j==4));then
                        break 2
                else
```

```
                        echo "Target is ($i,$j)"
                fi
        done
done
[root@openEuler ~]# sh break_loop.sh
Target is (1,1)
Target is (1,2)
Target is (1,3)
```

6. continue 中止循环

continue 命令可以提前中止某次循环中的命令，但并不会完全终止整个循环。和 break 命令一样，continue 命令也允许通过命令行参数指定要继续执行哪一层循环，其中 n 定义了要继续执行的循环层级。

continue n 的命令格式如下：

```
for ((初始值 ; 循环控制条件 ; 变量变化方式))
do
    commands
    for ((初始值 ; 循环控制条件 ; 变量变化方式))
     do
        if 比较语句
         then
              continue n
         fi
        执行命令
    done
done
```

【示例 6-36】

```
#continue 命令退出循环
[root@openEuler ~]# vim continue_loop.sh
#!/bin/bash
for ((i=1;i<=5;i++))
do
        for((j=1;j<=5;j++))
        do
                if ((j==4));then
                        continue 2
                else
                        echo "Target is ($i,$j)"
                fi
        done
done
[root@openEuler ~]# sh continue_loop.sh
Target is (1,1)
Target is (1,2)
Target is (1,3)
Target is (2,1)
Target is (2,2)
Target is (2,3)
Target is (3,1)
Target is (3,2)
```

```
Target is (3,3)
Target is (4,1)
Target is (4,2)
Target is (4,3)
Target is (5,1)
Target is (5,2)
Target is (5,3)
```

6.3 本章练习

1. 实现以下功能：检测当前登录用户是否为超级管理员，如果是则使用 DNF 安装 httpd，如果不是则报错。

2. 使用判断语句实现以下功能：对输入变量 score 的值进行判断。若 score>=90，输出"perfect"；若 70<=score<90，输出"good"；若 60<=score<70，输出"pass"；若 score<60，输出"fail"。

3. 使用条件语句实现以下功能：根据输入变量 num 的值进行匹配。num=1 时，输出"Chinese"；num=2 时，输出"English"；num=3 时，输出"French"；num=4 或者 5 时，输出"German"；num 取其他值时，输出"input again"。

4. 实现猜数字游戏功能：用 Shell 脚本生成一个 50 以内的随机数，提示用户猜数字，根据用户的输入内容，提示用户"猜对了""猜小了"或"猜大了"，直至用户猜对为止。

5. 实现自动创建用户功能：用 Shell 脚本提示用户输入用户名和密码，输入后脚本自动创建相应的账户及配置密码；如果用户不输入用户名，则提示必须输入用户名并退出脚本；如果用户不输入密码，则统一使用 123456 作为默认密码。

6. 实现对输入的 3 个数字自动进行降序排列的功能：依次提示用户输入 3 个整数，Shell 脚本将数字从大到小依次排序并在终端输出。

7. 实现石头、剪刀、布的人机猜拳游戏功能：随机获取计算机的出拳结果，用户根据提示输入出拳手势后，输出输赢结果。

8. 实现以下功能：编写 Shell 脚本测试 192.168.56.0/24 整个网段中哪些主机处于开机状态，哪些主机处于关机状态。

9. 使用循环语句实现以下功能：输出 9×9 乘法表。

第7章
软件管理

07

学习目标

- 了解软件包的分类。
- 了解软件包的管理工具。
- 学习使用源码包安装软件。
- 掌握 DNF 工具管理软件包的方法。

用户需要在操作系统中安装各种软件，从而实现各种功能，完成相应的业务。在 openEuler 系统中可以使用源码包或者软件包管理工具来实现软件的查询、安装、更新和卸载。

7.1 软件管理简介

软件管理指在操作系统中安装、升级和删除软件包。推荐在 openEuler 操作系统中使用 DNF 工具管理软件包。openEuler 操作系统还兼容 RPM（Red Hat Package Manager，红帽包管理）工具和 YUM（Yellowdog Updater, Modified，Shell 前端软件包管理器）工具管理软件包，同时支持源码包。

7.1.1 软件包管理简介

软件包分为二进制包与源码包。二进制包是可以直接进行安装的可执行文件，类似于 Windows 操作系统中的.exe 文件。源码包中封装的是源码，通常是.tar 或者.tar.gz 格式的压缩包。

在安装源码包时需要先使用 tar 命令解压压缩包。得到源码包后，通过./configure 命令对源码包进行配置，并使用 make 命令编译源代码，得到可执行文件。最后，使用 make install 命令，完成软件的安装。

源码包中通常包含 README 文件，通过 README 文件可以了解到源码包的相关信息。

7.1.2 RPM 工具简介

RPM 工具是由红帽公司开发的一款软件包管理工具。RPM 功能强大，且遵循 GPL 协议，在很多 Linux 发行版（例如 CentOS、SUSE、OpenLinux、Fedora）中被广泛使用。

RPM 可以管理以.rpm 为扩展名的软件包，其常用的操作包括软件包的查询、安装、更新、删除等。RPM 软件包命名具体说明如表 7-1 所示。详细操作及命令请参考 7.3 节。

RPM 软件包命名规则如下：

```
name-version.arch.rpm
```

或

```
name-version.arch.src.rpm
```

表 7-1　RPM 软件包命名说明

字段	说明
name	软件包名称
version	版本号，包括主版本号、次版本号和修正号以及发行次数
arch	表示适配的操作系统
rpm	表示二进制包
src.rpm	表示源码包

例如，从华为开源镜像站中可以查看到 httpd 的软件包，软件包的名称为 httpd-2.4.34-15.oe1.src.rpm。其中，httpd 为软件名称；2.4.34 为软件包的版本号，分别为主版本号、次版本号、修正号；15 为软件包发布的次数，表示软件包是第几次编译生成的；oe1 代表适配的操作系统；src.rpm 表示软件包为源码包。

7.1.3　YUM 工具简介

YUM 和 RPM 都是软件包管理工具。相较于 RPM，YUM 可以从本地设置的.repo 格式的源中搜索软件包，自动安装当前软件所依赖的其他软件。源可以理解为存储了软件下载地址的软件仓库。YUM 源默认存放在/etc/yum.repos.d 目录中。

openEuler 操作系统中默认安装了 YUM 工具。它通常用于软件包的查询、安装、更新和删除，其命令及功能说明如表 7-2 所示。

表 7-2　YUM 工具的命令及功能说明

命令	功能说明
install	安装命令，用于安装相应软件包
list [软件包名]	查询命令，用于列出所有软件包，或者包含相应软件包名的软件包
info	查询命令，用于显示相关软件包或软件包组的详细信息
update	更新命令，用于更新相应的软件包
check-update	查询命令，用于检查可以更新的软件包
remove	删除命令，用于从系统中删除相应软件包
search	查询命令，用于搜索匹配特定字符的软件包

yum 命令格式：

```
yum [选项] [命令] [软件名]
```

yum 命令的选项及功能说明如表 7-3 所示。

表 7-3　yum 命令的选项及功能说明

选项	功能说明
-h	用于显示帮助信息
-q	安静模式，用于省略安装过程
-y	用于对安装过程中遇到的所有问题自动给出肯定答复，代替用户手动输入"yes"

【示例 7-1】

```
#使用 YUM 工具安装 httpd 软件
[root@openEuler ~]# yum install httpd -y
Last metadata expiration check: 0:19:20 ago on Fri 08 Oct 2021 03:57:17 PM CST.
Package httpd-2.4.34-15.oe1.aarch64 is already installed.
Dependencies resolved.
Nothing to do.
Complete!
```

7.1.4　DNF 工具简介

　　DNF 是新一代软件包管理工具。DNF 在 Fedora 18 中首次出现，克服了 YUM 工具的一些"瓶颈"，提升了用户体验、依赖分析、内存占用、运行幅度等多方面的性能，同时提升了管理软件包组的性能。Fedora 22、CentOS 8 和 RHEL 8 中默认使用 DNF 作为软件包管理工具，以逐步取代 YUM。在较新的 openEuler 20.09 操作系统中，默认使用 DNF 管理软件包。

　　DNF 与 YUM 完全兼容，提供了与 YUM 兼容的命令行以及为扩展提供的 API。DNF 可用于查询软件包信息、从指定软件仓库获取软件包、自动处理依赖关系以安装或删除软件包，以及更新系统到最新可用版本。

　　使用 DNF 需要管理员权限，DNF 的所有命令需要在管理员权限下执行。

　　使用以下命令可以查看系统中安装的 DNF 工具的版本：

```
dnf --version
```

【示例 7-2】

```
#使用 dnf --version 查看当前 DNF 工具的版本
[root@openEuler ~]# dnf --version
4.2.15
  Installed: dnf-0:4.2.15-8.oe1.noarch at Mon 18 May 2020 02:35:51 AM GMT
  Built   :
  Installed: rpm-0:4.15.1-12.oe1.aarch64 at Mon 18 May 2020 02:33:38 AM GMT
  Built   :
```

7.2　源码包管理

　　源码包中封装了源码。二进制包可以通过软件包管理工具直接用于安装软件，但源码包对库的依赖性更强，需要先将其配置、编译成可执行的二进制代码后才能进行安装。源码包的优点在于可以灵活地进行配置、增加或删改操作。

　　在 openEuler 系统中优先使用 DNF 工具来安装 RPM 软件包，若软件没有现成的 RPM 软件包可用、现有的 RPM 软件包版本过旧、程序缺失某些特性，或需优化编译参数以提高性能，则需从软件官方网站下载源码包，并使用源码包进行软件安装。

用源码包安装软件的一般流程如图 7-1 所示。

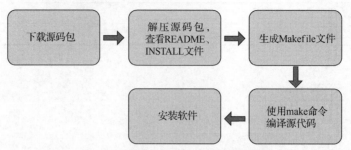

图 7-1　用源码包安装软件的一般流程

（1）下载软件的源码包，校验其完整性。

（2）解压源码包，查看其中的 README、INSTALL 等文件。README 和 INSTALL 文件记录了软件的安装方式及注意事项。

（3）使用./configure 脚本命令，生成 Makefile 文件。

（4）使用 make 命令编译源代码，将源码包自动编译成二进制文件。

（5）使用 make install 命令安装软件，默认的安装路径为/usr/local，相应的配置文件位于/usr/local/etc 或/usr/local/***/etc。

7.2.1　软件安装配置

当用户下载好源码包，并校验完其完整性，把源码包解压之后，需进行软件安装配置。使用./configure 命令生成 Makefile 文件。配置文件是软件发布时，发布者写好并附在软件包中的文件。使用如下命令可以查看有哪些配置项：

```
./configure --help
```

可以使用./configure --prefix=指定目录，将软件安装到指定目录。当要卸载软件时，只需将指定的安装目录全部删除即可。

【示例 7-3】

```
#下载 Python 源码包，并解压
[root@openEuler ~]# wget https://www.python.org/ftp/python/3.7.7/
Python-3.7.7.tgz
 --2021-10-08 16:41:43--  https://www.python.org/ftp/python/3.7.7/
Python-3.7.7.tgz
 Resolving www.python.org (www.python.org)... 151.101.72.223, 2a04:4e42:11::223
 Connecting to www.python.org (www.python.org)|151.101.72.223|:443... connected.
 HTTP request sent, awaiting response... 200 OK
 Length: 23161893 (22M) [application/octet-stream]
 Saving to: 'Python-3.7.7.tgz'
 Python-3.7.7.tgz
100%[=============================================================================>]
 2021-10-08 16:42:15 (731 KB/s) - 'Python-3.7.7.tgz' saved [23161893/23161893]
 [root@openEuler ~]# tar -zxvf Python-3.7.7.tgz
```

7.2.2　编译软件

软件配置完成并生成 Makefile 文件后，可使用 make 命令来编译软件。若配置运行时出错，没有生成 Makefile 文件，则软件编译将无法进行，可使用如下命令清空./configure 命令生成的软件配置文件：

```
make distclean
```

重新执行./configure 命令，生成 Makefile 文件后，重新执行 make 命令。

【示例 7-4】

```
#进入源码目录，查看 README 文件
[root@openEuler ~]# ll
total 23M
drwxr-xr-x 18  501  501 4.0K Mar 10  2020 Python-3.7.7
-rw------- 1 root root  23M Mar 10  2020 Python-3.7.7.tgz
[root@openEuler ~]# cd Python-3.7.7
[root@openEuler Python-3.7.7]#
 [root@openEuler Python-3.7.7]# cat README.rst
This is Python version 3.7.7
============================
.. image:: https://travis-ci.org/python/cpython.svg?branch=3.7
   :alt: CPython build status on Travis CI
   :target: https://travis-ci.org/python/cpython/branches
..image:: https://dev.azure.com/python/cpython/_apis/build/status/
Azure%20Pipelines%20CI?branchName=3.7
      :alt: CPython build status on Azure Pipelines
      :target: https://dev.azure.com/python/cpython/_build/latest?definitionId=
4&branchName=3.7
.. image:: https://codecov.io/gh/python/cpython/branch/3.7/graph/badge.svg
      :alt: CPython code coverage on Codecov
      :target: https://codecov.io/gh/python/cpython/branch/3.7
#执行./configure 命令，生成 Makefile 文件
[root@openEuler Python-3.7.7]# ./configure --prefix=/usr/local/Python
#执行 make 命令进行编译
[root@openEuler Python-3.7.7]# make
```

7.2.3　安装软件

软件安装配置、编译完成后，可使用如下命令安装软件：

```
make install
```

若在配置阶段指定了安装目录，则软件会安装到配置时指定的目录中。

【示例 7-5】

```
#执行 make install 命令进行软件安装
[root@openEuler Python-3.7.7]# make install
```

7.3　RPM 软件包管理

RPM 是 openEuler 系统中一个非常重要的软件包管理工具，可以帮助管理员轻松地管理系统中的软件包，保证系统的稳定性和安全性。

107

7.3.1 获取 RPM 软件包

通过 openEuler 官网可获取适配 openEuler 系统的 RPM 软件包。

通常使用 wget 命令下载软件包，命令选项及功能说明如表 7-4 所示。

wget 命令格式：

```
wget [选项] [URL]
```

表 7-4　wget 命令选项及功能说明

选项	功能说明
-O, --output-document=FILE	重命名下载的文件
-N, --timestamping	只下载比本地文件新的文件
-r, --recursive	下载整个网站或目录（小心使用）
-l, --level=NUMBER	指定下载层次

【示例 7-6】

```
#从 openEuler 官网下载 samba 文件服务器的 RPM 软件包，并将软件包命名为 samba.20210415.rpm
[root@openEuler~]# wget -O samba.20210415.rpm https://repo.openeuler.org/
openEuler-20.09/everything/aarch64/Packages/samba-common-4.12.5-2.oe1.aarch64.rpm
...
samba-common-4.12.5-2.oe1.aarch64.rpm
100%[===================================================================>]
87.20K  46.0KB/s   in 1.9s

2021-10-08 17:17:02 (46.0 KB/s) - 'samba-common-4.12.5-2.oe1.aarch64.rpm' saved
[89288/89288]

FINISHED --2021-10-08 17:17:02--
Total wall clock time: 3.3s
Downloaded: 1 files, 87K in 1.9s (46.0 KB/s)
```

7.3.2 查询 RPM 软件包

可以通过 rpm 命令查询当前本地已下载的 RPM 软件包信息，当软件包安装完成后，也可以通过 rpm 查询软件包命令来查看软件包是否安装成功。该命令选项及功能说明如表 7-5 所示。

rpm 查询软件包命令格式：

```
rpm [选项] [软件包名称]
```

表 7-5　rpm 查询软件包命令选项及功能说明

选项	功能说明
-q	查询指定软件包的信息。-q 为主要的查询选项，要配合下面其他选项一起使用

续表

选项	功能说明
-i	显示描述信息
-a	查询当前已安装的软件包
-d	显示指定软件包的所有文本文件列表
-p	查询待安装的软件包信息，或查询软件安装后对应的软件包名称
-f	查询指定的文件属于哪个软件包
-g	查询指定的组中包含哪些软件包
-l	显示指定的已经安装的软件包所包含的文件名及安装目录

在 7.3.1 小节中下载了 samba 文件服务器的 RPM 软件包后，可以通过以下指令查询其信息。

【示例 7-7】

```
#查询 samba 软件包的信息
[root@openEuler ~]# rpm -qpi samba-common-4.12.5-2.oe1.aarch64.rpm
Name        : samba-common
Version     : 4.12.5
Release     : 2.oe1
Architecture: aarch64
Install Date: (not installed)
Group       : Unspecified
Size        : 486442
License     : GPLv3+ and LGPLv3+
Signature   : RSA/SHA1, Sun 27 Sep 2020 10:21:34 PM CST, Key ID d557065eb25e7f66
Source RPM  : samba-4.12.5-2.oe1.src.rpm
Build Date  : Sun 27 Sep 2020 10:09:50 PM CST
Build Host  : obs-worker-005
Packager    : http://openeuler.org
Vendor      : http://openeuler.org
URL         : https://www.samba.org
Summary     : Common package for samba client and server
Description :
This package contains some common basic files needed by samba client
and server.
```

7.3.3 安装 RPM 软件包

通过 RPM 工具来安装软件包需要使用 rpm 安装软件包命令，该命令选项及功能说明如表 7-6
所示。

rpm 安装软件包命令格式：

```
rpm [选项] [软件包名称]
```

表7-6 rpm 安装软件包命令选项及功能说明

选项	功能说明
-i	安装指定的一个或多个软件包
-v	显示安装软件包的过程
-h	安装软件包时列出标记

到 openEuler 官网下载 samba 文件服务器的 RPM 软件包后，切换到 root 模式并执行安装命令。

【示例 7-8】

```
[root@openEuler ~]# rpm -ivh samba-common-4.12.5-2.oe1.aarch64.rpm
```

7.3.4 升级 RPM 软件包

通常软件会定期进行升级，用户须提前下载更高版本的软件包，之后通过 rpm 升级软件包命令实现软件的升级。rpm 升级软件包命令通过 -U 选项实现升级软件的功能，配合-vh 选项，可以详细显示升级过程，该命令选项及功能说明如表 7-7 所示。

rpm 升级软件包命令格式：

```
rpm [选项] [软件包名称]
```

表7-7 rpm 升级软件包命令选项及功能说明

选项	功能说明
-U	升级指定的软件包
-v	显示升级软件包的过程
-h	升级软件包时列出标记

7.3.5 卸载 RPM 软件包

当软件不再被需要且其他应用不依赖于该软件时，可以卸载该软件包，释放资源。RPM 支持同时卸载多个软件。

rpm 卸载软件包命令格式：

```
rpm -e [软件包名称]
```

【示例 7-9】

```
#卸载 samba 软件包
[root@openEuler ~]# rpm -e samba
```

7.4 DNF 软件包管理

推荐在 openEuler 系统中，使用 DNF 工具。虽然目前 openEuler 系统支持 YUM 工具，但实际 yum 命令后台依然调用 DNF 工具。

DNF 工具的功能及配置汇总如图 7-2 所示。

配置DNF	管理软件包/软件包组	检查并更新
修改DNF配置参数	搜索软件包	检查更新
创建本地软件源	列出软件包/软件包组清单	升级
添加、启用和禁用软件源	下载软件包 显示RPM包信息 显示软件包组信息	更新所有包及其依赖
	安装软件包/安装软件包组	
	删除软件包/软件包组	

图 7-2　DNF 工具的功能及配置汇总

7.4.1　DNF 工具配置

DNF 的配置文件名为 dnf.conf,存放在/etc/dnf 目录下。

1. 修改 DNF 配置参数

DNF 的配置文件 dnf.conf 包含 main 和 repository 两部分。

main 部分定义了 DNF 的全局设置。

repository 部分设置了 DNF 软件源,同 YUM 工具一样,DNF 的软件源可以有一个或多个。

DNF 软件源可以配置在 dnf.conf 中,也可以通过在/etc/yum.repos.d 目录下存放.repo 文件的方式来配置软件源。

(1)配置 main 部分。

配置/etc/dnf/dnf.conf 文件中的 main 部分,示例如下。

【示例 7-10】

```
[root@openEuler ~]# cat /etc/dnf/dnf.conf
[main]
gpgcheck=1
installonly_limit=3
clean_requirements_on_remove=True
best=True
skip_if_unavailable=False
```

常用参数及说明如表 7-8 所示。

表 7-8　main 部分的常用参数及说明

参数	说明
cachedir	缓存目录,该目录用于存储 RPM 软件包和数据库文件
keepcache	可选值是 1 和 0,表示是否要缓存已安装成功的那些 RPM 软件包及头文件。默认值为 0,即不缓存
debuglevel	设置 DNF 生成的调试信息。取值范围为[0,10],数值越大会输出越详细的调试信息。默认值为 2,设置为 0 表示不输出调试信息

111

参数	说明
clean_requirements_ on_remove	删除在执行 dnf remove 命令期间不再使用的依赖项。如果软件包是通过 DNF 安装的，而不是通过显式用户请求安装的，则只能通过 clean_requirements_on_remove 删除软件包，即它是作为依赖项引入的。默认值为 True
best	升级软件包时，总是尝试安装其最高版本，如果最高版本无法安装，则提示无法安装的原因并停止安装。默认值为 True
obsoletes	可选值是 1 和 0，设置是否允许更新陈旧的 RPM 软件包。默认值为 1，表示允许更新
gpgcheck	可选值是 1 和 0，设置是否需要进行 GPG（GNU Privacy Guard，GNU 隐私卫士）校验。默认值为 1，表示需要进行校验
plugins	可选值是 1 和 0，表示启用或禁用 DNF 插件。默认值为 1，表示启用 DNF 插件
installonly_limit	设置可以同时安装由"installonlypkgs"指令列出的软件包数量。默认值为 3，不建议降低此值

（2）配置 repository 部分。

repository 部分允许用户定制 openEuler 软件源（软件仓库），各源的名称不可相同，否则会引起冲突。可以通过以下两种方式配置软件源。

① 通过配置/etc/dnf/dnf.conf 文件中的 repository 部分来配置软件源。

下面是 repository 部分的最小配置示例。

```
[repository]
name=repository_name
```

其常用的参数及说明如表 7-9 所示。

表 7-9　repository 部分的常用参数及说明

参数	说明
name=repository_name	软件源描述的字符串
baseurl=repository_url	软件源的地址。例如，使用 HTTP 的网络地址 http://path/to/repo、使用 FTP 的网络地址 ftp://path/to/repo、使用本地地址 file:///path/to/local/repo

② 通过配置/etc/yum.repos.d 目录下的.repo 文件配置软件源。

openEuler 提供了多种 repo 源供用户在线使用，用户须切换到 root 模式才有权限添加 repo 源。repo 源中包含多个目录，各目录及说明如表 7-10 所示。

表 7-10　repo 源的目录及说明

目录名称	说明
ISO	存放 ISO 镜像
OS	存放基础软件包
debuginfo	存放调试包

目录名称	说明
docker_img	存放容器镜像
virtual_machine_img	存放虚拟机镜像
everything	存放全量软件包
extras	存放扩展软件包
source	存放源码软件
update	存放升级软件包
EPOL	存放 openEuler 扩展包

【示例 7-11】

```
#查看 repo 源文件
[root@openEuler etc]# cd yum.repos.d/
[root@openEuler yum.repos.d]# ll
total 4.0K
-rw-r--r-- 1 root root 1.8K Mar 12  2021 openEuler_aarch64.repo
[root@openEuler yum.repos.d]# cat openEuler_aarch64.repo
#generic-repos is licensed under the Mulan PSL v2.
#You can use this software according to the terms and conditions of the Mulan
PSL v2.
#You may obtain a copy of Mulan PSL v2 at:
#   http://license.coscl.org.cn/MulanPSL2
...........................................................

[everything]
name=everything
baseurl=http://repo.huaweicloud.com/openeuler/openEuler-20.03-LTS/everything
/$basearch/
enabled=1
gpgcheck=1
gpgkey=http://repo.huaweicloud.com/openeuler/openEuler-20.03-LTS/everything/
$basearch/RPM-GPG-KEY-openEuler
```

其中，enabled 参数表示是否启用某软件源，可选值为 0 和 1，默认值为 1，表示启用某软件源。gpgkey 为验证签名用的公钥。

（3）查看当前配置。

可使用如下命令显示当前的配置信息：

```
dnf config-manager --dump
```

要显示指定软件源的配置，首先需查询软件源的 repo ID。

```
dnf repolist
```

然后执行如下命令，其中 repository 为上一命令得到的 repo ID：

```
dnf config-manager --dump repository
```

也可以使用一个全局正则表达式，显示所有匹配的配置：

```
dnf config-manager --dump glob_expression
```

【示例 7-12】

```
#查看当前的配置信息
[root@openEuler ~]# dnf config-manager --dump
========================================================================
main ========================================================================
[main]
assumeno = 0
assumeyes = 0
autocheck_running_kernel = 1
bandwidth = 0
best = 1
bugtracker_url = https://bugzilla.redhat.com/enter_bug.cgi?product=
Fedora&component=dnf
cachedir = /var/cache/dnf
cacheonly = 0
check_config_file_age = 1
clean_requirements_on_remove = 1
...
```

2. 创建本地软件源

openEuler 除了可以使用在线的软件源，也可以在本地创建软件源。

创建步骤如下。

（1）安装 createrepo 软件包。在 root 模式下执行如下命令：

```
[root@openEuler ~]# dnf install createrepo
```

（2）将需要的软件包复制到一个目录下，如/mnt/local_repo/。

（3）创建软件源，执行如下命令：

```
[root@openEuler ~]# createrepo --database /mnt/local_repo
```

3. 添加、启用和禁用软件源

下面将介绍如何通过 dnf config-manager 命令添加、启用和禁用软件源。

（1）添加软件源。

可以通过配置/etc/dnf/dnf.conf 文件中的 repository 部分，或者在/etc/yum.repos.d/目录下添加.repo
文件指明软件源。在添加软件源时，建议使用添加.repo 文件的方式。

可在 root 权限下执行以下命令：

```
[root@openEuler ~]# dnf config-manager --add-repo repository_url
```

执行以上命令后，会在/etc/yum.repos.d/目录下生成对应的.repo 文件。

（2）启用软件源。

在 root 权限下执行以下命令可以启用软件源：

```
[root@openEuler ~]# dnf config-manager --set-enable repository
```

其中，repository 为新增的.repo 文件的 repo ID，可以通过 dnf repolist 命令查询。

也可使用一个全局正则表达式，启用所有匹配的软件源，指令如下：

```
[root@openEuler ~]# dnf config-manager --set-enable glob_expression
```

其中，glob_expression 为对应的正则表达式。使用正则表达式，可以同时匹配多个 repo ID。

（3）禁用软件源。

在 root 权限下，可以使用如下命令禁用软件源：

```
[root@openEuler ~]# dnf config-manager --set-disable repository
```

与启用软件源相同，也可以通过一个全局正则表达式来禁用所有匹配的软件源：

```
[root@openEuler ~]# dnf config-manager --set-disable glob_expression
```

7.4.2 使用 DNF 管理软件

在 openEuler 操作系统中，推荐使用 DNF 管理软件。

1. 管理软件包

（1）搜索软件包。

可以使用如下命令搜索软件包：

```
[root@openEuler ~]# dnf search term
```

【示例 7-13】

```
#使用 dnf 命令搜索 httpd 包
[root@openEuler ~]# dnf search httpd
==================================== N/S matched: httpd
====================================
httpd.aarch64 : Apache HTTP Server
httpd-devel.aarch64 : Development interfaces for the Apache HTTP server
httpd-manual.noarch : Documentation for the Apache HTTP server
httpd-tools.aarch64 : Tools for use with the Apache HTTP Server
libmicrohttpd.aarch64 : Lightweight library for embedding a webserver in
applications
mod_auth_mellon.aarch64 : A SAML 2.0 authentication module for the Apache Httpd
Server
mod_dav_svn.aarch64 : Apache httpd module for Subversion server
```

（2）列出软件包清单。

可以通过以下命令列出系统中所有已经安装并可用的 RPM 软件包信息：

```
[root@openEuler ~]# dnf list all
```

把 all 替换成指定的软件包，则可列出指定的 RPM 软件包信息：

```
[root@openEuler ~]# dnf list glob_expression...
```

【示例 7-14】

```
#使用 dnf 命令列出 httpd 包的信息
[root@openEuler ~]# dnf list httpd
Available Packages
httpd.aarch64                2.4.34-8.h5.oe1            Local
```

（3）下载软件包。

可在 root 权限下使用如下命令下载软件包：

```
dnf download package_name
```

若需同时下载其所依赖的其他软件包，则使用如下命令：

```
dnf download --resolve package_name
```

【示例 7-15】

```
#同时下载 httpd 包所依赖的其他软件包
[root@openEuler ~]# dnf download --resolve httpd
```

（4）显示 RPM 软件包信息。

可以使用以下命令显示一个或者多个 RPM 软件包信息：

115

```
[root@openEuler ~]# dnf info package_name...
```
【示例 7-16】
```
#显示 httpd 包的信息
[root@openEuler ~]#  dnf info httpd
Available Packages
Name       : httpd
Version    : 2.4.34
Release    : 8.h5.oe1
Arch       : aarch64
Size       : 1.2 M
Repo       : Local
Summary    : Apache HTTP Server
URL        : http://httpd.apache.org/
License    : ASL 2.0
Description : The Apache HTTP Server is a powerful, efficient, and extensible
           : web server.
```
（5）安装 RPM 软件包。

通过 dnf 命令可以安装指定的 RPM 软件包，并同时安装其所依赖的未安装的软件。切换到 root 模式，执行如下命令：
```
[root@openEuler ~]# dnf install package_name
```
使用 dnf 命令，还可以同时安装多个软件。需提前配置/etc/dnf/dnf.conf 文件，添加参数 strict=0，在 root 权限下执行以下命令：
```
[root@openEuler ~]# dnf install package_name1 package_name2... --setopt=strict=0
```
【示例 7-17】
```
[root@openEuler ~]# dnf install httpd
```
（6）删除软件包。

在 root 模式下使用如下指令可以删除指定软件包及其依赖的软件包：
```
dnf remove package_name1 package_name2...
```
【示例 7-18】
```
[root@openEuler ~]# dnf remove totem
```
2. 管理软件包组

软件包组是服务于共同目的的一组软件包，例如系统工具箱等。使用 DNF 可以对软件包组进行安装、删除等操作，使相关操作更高效。

（1）列出软件包组清单。

使用 summary 参数，可以列出系统中所有已安装的软件包组、可用的软件包组、可用的环境组的数量，命令如下：
```
dnf groups summary
```
【示例 7-19】
```
[root@openEuler ~]#  dnf groups summary
Last metadata expiration check: 0:11:56 ago on Sat 17 Aug 2019 07:45:14 PM CST.
Available Groups: 8
```
使用如下指令可以列出所有软件包组，以及软件包组的 ID：
```
dnf group list
```

【示例 7-20】

```
[root@openEuler ~]# dnf group list
Last metadata expiration check: 0:10:32 ago on Sat 17 Aug 2019 07:45:14 PM CST.
Available Environment Groups:
   Minimal Install
   Custom Operating System
   Server
Available Groups:
   Development Tools
   Graphical Administration Tools
   Headless Management
   Legacy UNIX Compatibility
   Network Servers
   Scientific Support
   Security Tools
   System Tools
```

（2）显示软件包组信息。

使用如下指令可以列出软件包组中必须安装的软件包和可选的软件包：

```
dnf group info glob_expression...
```

【示例 7-21】

```
[root@openEuler ~]# dnf group info "Development Tools"
Last metadata expiration check: 0:14:54 ago on Wed 05 Jun 2019 08:38:02 PM CST.

Group: Development Tools
 Description: A basic development environment.
 Mandatory Packages:
   binutils
   glibc-devel
   make
   pkgconf
   pkgconf-m4
   pkgconf-pkg-config
   rpm-sign
 Optional Packages:
   expect
```

（3）安装软件包组。

每个软件包组都有自己的名称（group_name）以及相应的 ID（groupid）。用户可以使用软件包组名称或软件包相应的 ID，在 root 权限下使用如下命令安装软件包组：

```
dnf group install group_name
dnf group install groupid
```

【示例 7-22】

```
[root@openEuler ~]# dnf group install "Development Tools"
[root@openEuler ~]# dnf group install development
```

（4）删除软件包组。

可在 root 模式下使用如下命令删除软件包组。和安装软件包组相同，删除软件包组可以使用软件包组的名称或者相应的 ID：

```
dnf group remove group_name
dnf group remove groupid
```

【示例 7-23】

```
[root@openEuler ~]# dnf group remove "Development Tools"
[root@openEuler ~]# dnf group remove development
```

7.4.3　检查并更新

软件包会定期发布新版本，使用 DNF 工具可以查看系统中是否有需要更新的软件包，可使用 dnf 命令列出需要更新的软件包，也可选择更新全部或者指定的软件包。

1. 检查更新

使用如下命令，显示当前系统中可用的需要更新的软件包：

```
dnf check-update
```

【示例 7-24】

```
[root@openEuler ~]# dnf check-update
Last metadata expiration check: 0:02:10 ago on Sun 01 Sep 2019 11:28:07 PM  CST.

anaconda-core.aarch64          19.31.123-1.14                   updates
anaconda-gui.aarch64           19.31.123-1.14                   updates
anaconda-tui.aarch64           19.31.123-1.14                   updates
anaconda-user-help.aarch64     19.31.123-1.14                   updates
anaconda-widgets.aarch64       19.31.123-1.14                   updates
bind-libs.aarch64              32:9.9.4-29.3                    updates
bind-libs-lite.aarch64         32:9.9.4-29.3                    updates
```

2. 升级

可在 root 权限下执行如下命令，升级单个软件包：

```
dnf update package_name
```

【示例 7-25】

```
[root@openEuler ~]# dnf update anaconda-gui.aarch64
Last metadata expiration check: 0:02:10 ago on Sun 01 Sep 2019 11:30:27 PM  CST.
Dependencies Resolved
==============================================================================
 Package              Arch          Version              Repository      Size
==============================================================================
Updating:
 anaconda-gui         aarch64       19.31.123-1.14       updates         461 k
 anaconda-core        aarch64       19.31.123-1.14       updates         1.4 M
 anaconda-tui         aarch64       19.31.123-1.14       updates         274 k
 anaconda-user-help   aarch64       19.31.123-1.14       updates         315 k
 anaconda-widgets     aarch64       19.31.123-1.14       updates         748 k
Transaction Summary
==============================================================================
Upgrade  5 Package
Total download size: 3.1 M
Is this ok [y/N]:
```

类似地，若需要升级软件包组，可在 root 权限下执行如下命令：

```
dnf group update group_name
```

3. 更新所有包及其依赖

在 root 权限下执行如下命令，可更新所有的包和它们的依赖：

```
dnf update
```

7.5 本章练习

1. 分别使用源码包、RPM 工具、DNF 工具安装 Nginx 软件。

2. 从 openEuler 官网中下载 samba RPM 软件包，并使用 RPM 工具安装 samba。

3. 使用 RPM 工具卸载 samba。

4. 创建一个 DNF 本地软件源。

5. 使用 DNF 本地软件源安装 httpd。

6. 使用 dnf 命令安装 Development Tools 软件包组。

7. 检查系统中是否有需要更新的软件包和软件包组，并更新所有需要更新的软件包和软件包组。

第8章
系统启动与进程管理

学习目标

- 了解 openEuler 操作系统的启动过程。
- 了解 openEuler 操作系统的运行级别。
- 了解 openEuler 操作系统中进程的概念及进程管理工具。
- 掌握 openEuler 操作系统的性能监控工具。

操作系统的启动分为不同阶段，每个阶段负责执行不同的任务。系统启动后，将生成一系列进程以完成各项任务。本章主要学习 openEuler 操作系统的启动过程及如何管理 openEuler 中的各类进程。

8.1 系统启动管理

启动操作系统是一个非常复杂的过程，只有在硬件准备就绪且加载适当的驱动程序并完成初始化后，才能将准备好的运行环境提供给用户操作。理解操作系统启动的各个阶段，用户不仅能了解操作系统运行原理，还能在发生启动故障后，依据启动阶段快速分析、判断、解决问题。

8.1.1 系统启动过程

openEuler 操作系统的启动过程是从硬件到软件的接力，如图 8-1 所示，分为以下 5 个阶段。接下来会详细讲解每一个阶段的具体流程和功能。

图 8-1 启动过程

1. 硬件启动

操作系统是由硬件上的不同文件组成的，如果想在同一套硬件上运行不同的操作系统，需要一个固定的程序对接不同的操作系统，并启动主引导程序 Boot Loader，指向正确的文件。硬件启动的目的就是借助固定的程序，将硬件的控制权转交给 Boot Loader。根据硬件的差别，硬件启动一般主要有两种方式。其中一种是 BIOS，另一种是 UEFI（Unified Extensible Firmware Interface，统一可扩展固件接口）。狭义的 BIOS 指 BIOS 本身，而广义的 BIOS 包括 UEFI，它的生态更加开放。总体来说，硬件启动的方式在 x86 架构中，以 BIOS 为主；在 ARM 架构中，以 UEFI 为主。

BIOS 的执行过程是先初始化硬件设备，获取主机的各项硬件配置，然后将 MBR 中的 Boot Loader 读取到内存中，并将控制权交给 Boot Loader。BIOS 是硬件启动时执行的第一个程序，一般会被写入主板 ROM（Read-Only Memory，只读存储器）中。它的主要功能是初始化硬件，提供硬件的软件抽象。而在 ARM 架构中，UEFI 的执行过程同样是先初始化硬件设备，引导 EFI 系统运行，然后找到 GPT（GUID Partition Table，全局唯一标识表）中的 Boot Loader 并启动。因此，在硬件启动这一阶段，需要达成的目的是借助 BIOS/UEFI 将硬件的控制权转交给 Boot Loader。

2. Boot Loader 引导

Boot Loader 是一类程序的总称，如 LILO（Linux Loader，Linux 引导程序）、GRUB（GRand Unified Bootloader）Legacy 等，一般也称为内核加载程序。由于 GRUB Legacy 启动加载器当前已经难以维护，所以 GRUB 重写了代码，并在其基础上实现了模块化，增强了移植性。GRUB 2 是 GRUB 的升级版，它能实现选择不同的操作系统启动项、动态改变引导参数、加密操作系统、恢复系统密码、定制开机画面等更多功能。在 openEuler 操作系统启动过程中，Boot Loader 引导阶段的任务是加载 Linux 内核以及可选的初始 RAM（Random Access Memory，随机存取存储器）磁盘。在这个阶段中，Boot Loader 会将控制权转交给内核，它可以选择磁盘上多个操作系统内核中的一个进行启动，或从系统分区中选择特殊的内核配置。在启动内核之后，接下来的任务将交由内核完成。

3. 内核引导

在完成内核加载程序启动之后，就进入内核引导阶段。此时操作系统会将控制权由内核转交给运行中的进程 systemd 或 init，并由 systemd 或 init 完成相关的启动过程，包括启动服务、启动 Shell 等。openEuler 操作系统启动过程中的第一个进程是 PID（Process ID，进程号）为 1 的进程，它就是 systemd 或 init。当前大部分的 Linux 发行版都采用 systemd 来代替 init，openEuler 也采用 systemd 来实现系统初始化功能。

4. 系统初始化

系统初始化阶段由 systemd 完成。systemd 启动之后，会根据预先设定的 target（服务单元集合）运行相应的服务。这些服务包括按/etc/fstab 挂载目录、设定定时器、启动日志等。target 就是一个 unit（单元）组，包含许多相关的 unit。启动某个 target 的时候，systemd 就会启动里面所有的 unit。用户可以通过修改 unit 文件自定义 unit，并将多个 unit 设为一个 target，按计划启动。也就是说，用户可以自定义启动单元或者修改启动顺序。

5. 启动终端

系统初始化后需要启动终端，终端指的是用户交互界面或者接口。在系统完成初始化之后，首先会执行/sbin/mingetty 开启 6 个 tty 字符终端。在控制台上，模拟这 6 个 tty 字符终端，分别对应/dev/tty1/～6，可以按"Alt + Fn"（Fn 表示 F1～F6）组合键来进行切换。/dev/tty0 为桌面终端，也就是用户目前正在使用的终端。然后，操作系统会比对/etc/nologin、/etc/passwd、/etc/shadow 等文件进行验证登录。在登录成功后，屏幕将输出相关信息，并加载用户目录下设置的环境变量，等待用户输入。

至此，通过以上 5 个阶段，控制权从硬件一路转交至软件，最终传递到用户手中，openEuler 操作系统启动完成。

8.1.2 系统初始化配置

在 8.1.1 小节中介绍过，操作系统启动过程中的内核引导阶段是由 systemd 进行调度的。systemd 是在 Linux 中与 SysV（System V）和 LSB（Linux Standards Base）初始化脚本兼容的系统和服务管理器。systemd 使用 socket（套接字）和 D-Bus 来开启服务，提供基于守护进程（Daemon）的按需启动策略，支持快照和系统状态恢复，维护挂载和自挂载点，实现各服务间基于从属关系的更为精细的逻辑控制，拥有更高的并行性能。

systemd 还具备以下 7 个特性。

（1）启动速度快。systemd 具有比 UpStart 强的并行启动能力，采用了 socket 和 D-Bus 激活等技术启动服务，启动速度更快。它的宗旨是尽可能减少不必要的进程，并且将更多的进程并行启动。

（2）按需启动服务。systemd 具有按需启动的能力，只有在某个服务被真正请求的时候才启动它。当该服务结束时，systemd 可以关闭它，等待下次需要时再次启动。这样能避免服务启动时间过长以及造成系统资源的浪费。

（3）启动挂载点和自动挂载的管理。传统的 Linux 系统中，用户可以通过/etc/fstab 文件中的信息来维护固定的文件系统挂载点。而 systemd 内建了自动挂载服务，实现了动态挂载，同时兼容/etc/fstab 文件。用户无须另外安装 autofs 服务，可以直接使用 systemd 提供的自动挂载管理功能来实现 autofs 的功能。

（4）事务性依赖关系管理。系统启动过程是由很多独立工作共同组成的，这些工作之间可能存在依赖关系。对于这些工作，systemd 维护着 "事务一致性" 的概念，确保所有相关的服务都可以正常启动而不会出现互相依赖，发生死锁的情况。

（5）系统快照和状态恢复。systemd 支持按需启动，因此系统的运行状态是动态变化的，用户无法准确地知道系统当前运行了哪些服务。systemd 快照功能提供了将当前系统运行状态保存并恢复的保障。

（6）与 SysV 初始化脚本兼容。systemd 具有和 SysV 以及 LSB 初始化脚本兼容的特性。系统中已经存在的服务和进程无须修改。这降低了系统向 systemd 迁移的成本，使得 systemd 替换现有初始化系统成为可能。

（7）采用 cgroup 特性跟踪和管理进程的生命周期。cgroup 主要用来实现系统资源配额管理。cgroup 提供了类似文件系统的接口，使用方便。当进程创建子进程时，子进程会继承父进程的 cgroup。因此无论服务如何启动新的子进程，所有这些相关进程都会属于同一个 cgroup，systemd 遍历指定的 cgroup 即可正确地找到所有相关进程。

systemd 开启和监督操作系统是基于 unit 的，也就是说，systemd 操作的基本单位是 unit。unit 的名称由一个与配置文件对应的名字和类型组成。例如 name.service unit 有一个具有相同名字的配置文件，是守护进程 name 的一个封装单元。unit 有多种类型，如表 8-1 所示。

表 8-1　unit 类型

类型	扩展名	描述
Service unit	.service	系统服务
Target unit	.target	一组 systemd unit
Automount unit	.automount	文件系统挂载点，适用于按需挂载
Device unit	.device	内核识别的设备文件
Mount unit	.mount	文件系统挂载点
Path unit	.path	文件系统中的文件或目录
Scope unit	.scope	外部创建的进程
Slice unit	.slice	一组用于管理系统进程分层组织的单元
Snapshot unit	.snapshot	systemd manager 的保存状态
Socket unit	.socket	进程间通信的 Socket（套接字）
Swap unit	.swap	交换设备或者交换文件
Timer	.timer	systemd 计时器

所有可用的 systemd unit 可以通过以下 3 条路径查看：

- 在/usr/lib/systemd/system/目录下，可查看软件包安装时产生的 systemd unit；
- 在/run/systemd/system/目录下，可查看运行时创建的 systemd unit；
- 在/etc/systemd/system/目录下，可查看由 root 用户创建和管理的 systemd unit。

这 3 条路径的优先级自上而下递减，即存在同名文件时，优先采用优先级较高的配置文件。

8.1.3　openEuler 运行级别

运行级别定义了服务器启动后的状态。在 openEuler 操作系统中，systemd 用目标替代运行级别的概念，提供了更大的灵活性。systemd 不仅允许用户继承一个已有的目标，也支持用户添加自定义服务或者创建新的目标。

表 8-2 列举了 systemd 下的常规运行级别和目标的对应关系。

表 8-2　常规运行级别和目标

常规运行级别	目标	描述
0	runlevel0.target、poweroff.target	关闭系统
1/s/single	runlevel1.target、rescue.target	单用户模式
2、4	runlevel2.target、runlevel4.target、multi-user.target	用户定义/域特定运行级别。默认等同于 3
3	runlevel3.target、multi-user.target	多用户，非图形化环境。用户可以通过多个控制台或网络登录
5	runlevel5.target、graphical.target	多用户，图形化环境。通常为所有运行级别为 3 的服务外加图形化登录

续表

常规运行级别	目标	描述
6	runlevel6.target、reboot.target	重启系统
rescue	rescure.target	救援模式
emergency	emergency.target	紧急模式（紧急 Shell）

【示例 8-1】

```
#可使用如下命令，查看当前系统默认的启动目标
[root@openEuler ~]# systemctl get-default
multi-user.target
#由返回结果可以发现，默认启动目标为 multi-user.target，对应运行级别为 3

#改变系统默认的启动目标，可在 root 权限下执行如下命令
[root@openEuler ~]# systemctl set-default name.target
```

【示例 8-2】

```
#可使用如下命令，查看当前系统所有的启动目标
[root@openEuler ~]# systemctl list-units --type=target
UNIT                      LOAD   ACTIVE SUB     DESCRIPTION
basic.target              loaded active active Basic System
cryptsetup.target         loaded active active Local Encrypted Volumes
getty.target              loaded active active Login Prompts
local-fs-pre.target       loaded active active Local File Systems (Pre)
local-fs.target           loaded active active Local File Systems
multi-user.target         loaded active active Multi-User System
network-online.target     loaded active active Network is Online
network.target            loaded active active Network
nfs-client.target         loaded active active NFS client services
paths.target              loaded active active Paths
remote-fs-pre.target      loaded active active Remote File Systems (Pre)
remote-fs.target          loaded active active Remote File Systems
rpc_pipefs.target         loaded active active rpc_pipefs.target
rpcbind.target            loaded active active RPC Port Mapper
slices.target             loaded active active Slices
sockets.target            loaded active active Sockets
sound.target              loaded active active Sound Card
sshd-keygen.target        loaded active active sshd-keygen.target
swap.target               loaded active active Swap
sysinit.target            loaded active active System Initialization
time-set.target           loaded active active System Time Set
time-sync.target          loaded active active System Time Synchronized
timers.target             loaded active active Timers

LOAD   = Reflects whether the unit definition was properly loaded.
ACTIVE = The high-level unit activation state, i.e. generalization of SUB.
SUB    = The low-level unit activation state, values depend on unit type.

23 loaded units listed. Pass --all to see loaded but inactive units, too.
To show all installed unit files use 'systemctl list-unit-files'.

#改变当前系统的目标，可在 root 权限下执行如下命令
[root@openEuler ~]# systemctl isolate name.target
```

由表 8-2 可知救援模式等同于单用户模式。在救援模式下，将挂载所有本地文件系统，但不会启动正常服务，比如网络等，只会启动很少的服务。救援模式多用于系统无法正常启动的情况，此外，可以在救援模式下执行一些重要的救援操作，例如重置 root 密码。如需要改变当前系统为救援模式，可在 root 权限下执行如下命令：

```
[root@openEuler ~]# systemctl rescue
```

命令执行后，窗口会有如下输出信息：

```
You are in rescue mode. After logging in, type "journalctl -xb" to viewsystem
logs, "systemctl reboot" to reboot, "systemctl default" or "exit"to boot into default
mode.
Give root password for maintenance
(or press Control-D to continue):
```

假如此时想要从救援模式切换到正常模式，需要重启操作系统。

与救援模式相比，紧急模式下不启动任何服务，不会挂载任何文件系统，用户只会打开一个原始的 Shell。因此紧急模式多适用于调试目的和修复系统。如需要改变当前系统为紧急模式，可在 root 权限下执行如下命令：

```
[root@openEuler ~]# systemctl emergency
```

命令执行后，窗口会有如下输出信息：

```
You are in emergency mode. After logging in, type "journalctl -xb" to viewsystem
logs, "systemctl reboot" to reboot, "systemctl default" or "exit"to boot into default
mode.
Give root password for maintenance
(or press Control-D to continue):
```

假如此时想要从紧急模式切换到正常模式，同样需要重启操作系统。

8.1.4　openEuler 启动服务控制

在 openEuler 中，systemd 提供 systemctl 命令来运行、关闭、重启、显示、启用、禁用系统服务。systemctl 命令与 sysvinit 命令的功能类似，在当前版本中依然兼容 service 和 chkconfig 命令，但建议统一用 systemctl 进行系统服务管理。

systemctl 服务管理操作的命令、功能及示例（以 firewalld 防火墙服务为例），如表 8-3 所示。

表 8-3　systemctl 服务管理操作

命令	功能	示例
systemctl start name.service	运行服务	systemctl start firewalld.service
systemctl stop name.service	关闭服务	systemctl stop firewalld.service
systemctl restart name.service	重启服务	systemctl restart firewalld.service
systemctl enable name.service	启用服务	systemctl enable firewalld.service
systemctl disable name.service	禁用服务	systemctl disable firewalld.service
systemctl status name.service	查看服务状态	systemctl status firewalld.service
systemctl is-active name.service	查看服务是否正在运行	systemctl is-active firewalld.service
systemctl is-enabled name.service	查看服务是否开机启动	systemctl is-enabled firewalld.service

target 是一组 unit 的集合，所以当用户想在 systemd 中自定义一些服务模块时，只需在相应的 target 目录下写入 unit 配置文件即可。每个 unit 对应一个.service 文件（即服务），这些服务分为两类：系统服务和用户服务。系统服务是用户登录前运行的程序，而用户服务是用户登录后运行的程序。对于每个.service 文件，需要配置 3 个字段：Unit 代表启动顺序与依赖关系；Service 代表启动行为，是必选字段；Install 代表服务所在的 target。

【示例 8-3】

```
#新建一个自定义服务模块，在/etc/systemd/system/目录下创建 user.service 文件。在
user.service 文件中写入内容，包含Unit、Service、Install这3个字段。
[root@openEuler ~]# vim / etc/systemd/system/user.service
[Unit]
Description=User Service Demo for openEuler       # 当前服务的简单介绍
After=auditd.service # 在 auditd.service 服务启动之后再启动本服务，Before 选项表示在
服务启动之前启动本服务
[Service]
EnvironmentFile=/etc/profile.user       # 运行本服务所需的环境变量
ExecStart=/usr/sbin/crond -n $CRONDARGS         # 定义启动进程时执行的命令
ExecReload=/bin/kill -HUP $MAINPID              # 重启服务时执行的命令
KillMode=process         # 定义 systemd 如何停止服务，process 表示只停止主进程
[Install]
WantedBy=multi-user.target              # 指定本服务所在的 target
```

以 user.service 为例，使自定义服务模块生效并设置自启动，有以下两种方法。

- 直接使用 systemctl 命令：

```
[root@openEuler ~]# systemctl enable usr.service
```

- 手动创建软连接：

```
[root@openEuler~]# ln -s /usr/lib/systemd/system/user.service /usr/lib/systemd/
system/local-fs.target.wants/usr.service
```

执行以下命令重新加载，使配置生效。

```
[root@openEuler~]# systemctl daemon-reload
```

【示例 8-4】

```
#查看 firewalld.service 服务状态
[root@openEuler~]# systemctl status firewalld.service
firewalld.service - firewalld - dynamic firewall daemon
   Loaded: loaded (/usr/lib/systemd/system/firewalld.service; enabled; vendor
preset: enabled)
   Active: active (running) since Wed 2021-03-31 13:51:33 CST; 9s ago
     Docs: man:firewalld(1)
 Main PID: 1286 (firewalld)
    Tasks: 2
   Memory: 27.6M
   CGroup: /system.slice/firewalld.service
           └─1286 /usr/bin/python3 /usr/sbin/firewalld --nofork --nopid

 Mar 31 13:51:31 openEuler systemd[1]: Starting firewalld - dynamic firewall
daemon...
 Mar 31 13:51:33 openEuler systemd[1]: Started firewalld - dynamic firewall daemon.
```

主要的服务状态及说明如表 8-4 所示。

表 8-4　主要的服务状态及说明

服务状态	说明
Loaded	说明服务是否被加载,并显示服务对应的绝对路径以及是否启用
Active	说明服务是否正在运行,并显示时间节点
Main PID	相应的系统服务的 PID
CGroup	相关控制组(CGroup)的其他信息

【示例 8-5】

```
#查询服务是否被激活
[root@openEuler ~]# systemctl is-active name.service
inactive
```

选项 is-active 的返回结果及说明如表 8-5 所示。

表 8-5　is-active 返回结果及说明

返回结果	说明
active(running)	有一个或多个服务正在系统中运行
active(exited)	仅执行一次就正常结束的服务,目前并没有任何服务在系统中运行
active(waiting)	正在运行中,不过要等待其他的服务完成才能继续
inactive	服务没有运行

【示例 8-6】

```
#查询服务是否开机启动
[root@openEuler ~]# systemctl is-enabled firewalld.service
disabled
```

选项 is-enabled 的返回结果及说明如表 8-6 所示。

表 8-6　is-enabled 的返回结果及说明

返回结果	说明
enabled	服务已经通过/etc/systemd/system/目录下的 Alias=别名、.wants/或.requires/符号链接被永久启用
enabled-runtime	已经通过/run/systemd/system/目录下的 Alias=别名、.wants/或.requires/符号链接被临时启用
linked	虽然单元文件本身不在标准单元目录中,但是指向此单元文件的一个或多个符号链接已经存在于/etc/systemd/system/永久目录中
linked-runtime	虽然单元文件本身不在标准单元目录中,但是指向此单元文件的一个或多个符号链接已经存在于/run/systemd/system/临时目录中
masked	已经被/etc/systemd/system/目录永久屏蔽(符号链接指向/dev/null 文件),因此 start 操作会失败
masked-runtime	已经被/run/systemd/systemd/目录临时屏蔽(符号链接指向/dev/null 文件),因此 start 操作会失败

续表

返回结果	说明
static	服务尚未被启用，并且单元文件的 Install 字段中没有可用于 enable 命令的选项
indirect	服务尚未被启用，但是单元文件的 Install 字段中 Also 选项的值列表非空（也就是列表中的某些单元可能已被启用），或者该服务拥有其他别名符号链接
disabled	服务尚未被启用，但是单元文件的 Install 字段中存在可以使 enable 命令有效的选项
generated	单元文件是被单元生成器动态生成的。被生成的单元文件可能并未被直接启用，而是被单元生成器隐式启用
transient	单元文件是被运行时 API 动态临时生成的。临时单元文件可能并未被启用
bad	单元文件不正确或者出现其他错误

不同的单元之间存在依赖关系，即当前服务的运行需要以另一个服务的运行为前提。可以通过以下命令查看单元依赖关系的命令。

```
[root@openEuler ~]# systemctl list-dependencies
```

【示例 8-7】

```
#列出 Nginx 的所有依赖
[root@openEuler ~]# systemctl list-dependencies nginx.service
#列出 Nginx 的所有依赖，包括依赖的 target 内容
[root@openEuler ~]# systemctl list-dependencies --all nginx.service
```

systemd 还支持通过 systemctl 命令对系统进行关机、重启、休眠等一系列操作，同时也能兼容部分 Linux 常用管理命令。systemctl 系统管理命令及功能如表 8-7 所示。

表 8-7　systemctl 系统管理命令及功能

命令	功能
systemctl halt	关闭系统
systemctl poweroff	关闭电源
systemctl reboot	重启
systemctl suspend	待机
systemctl hibernate	休眠

systemd 除 systemctl 外，还包含一组命令，涵盖系统管理的各个方面，如表 8-8 所示。

表 8-8　systemd 系统管理命令

命令	功能
systemd-analyze	查看启动耗时
hostnamectl	查看当前主机的信息
localectl	查看当前主机的本地化设置
timedatectl	查看当前时区设置
loginctl	查看当前登录的用户

8.2 进程管理

openEuler 是一个多任务系统，不同的任务由对应的进程承载，因此需要对所有进程进行系统调配和管理。进程管理需要了解有哪些进程、进程的状态等信息，并针对当前的信息及状态进行监控。

8.2.1 进程的概念

为了让程序源码从人类易于理解的高级语言转换成计算机能够执行的机器语言，所有程序都需要经过编译、链接、加载和执行 4 个阶段。但在同一段时间内，机器通常并不只执行一个程序，而是并发地执行多个程序。因此，为了对并发执行的程序加以描述和控制，操作系统引入了"进程"这一抽象概念。

进程是计算机中已运行程序的实体，是程序的具体实现。如图 8-2 所示，每个进程在被创建的时候，都会被分配一段内存空间，即系统给进程分配一定的逻辑地址空间，包含栈、堆、bss 段、data 段和代码段。

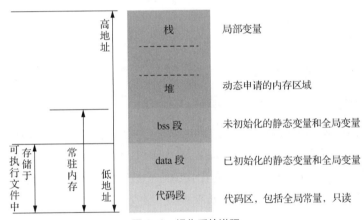

图 8-2　操作系统进程

每个进程都有一个唯一的 PID，用于系统内核追踪相应进程。操作系统的第一个进程是 systemd，其他所有进程都是其后代，它的 PID 为 1。每个进程都有自己的生命周期，包括创建、执行、终止和删除等阶段。在系统运行过程中，这些阶段将被反复执行成千上万次。

如图 8-3 所示，任何进程都可以通过复制自己地址空间的方式创建子进程，子进程中记录着父进程的 PID（PPID）。当一个进程创建一个新进程时，创建进程的进程（父进程）使用名为 fork()的系统调用。当 fork()被调用的时候，它会为新创建的进程（子进程）获得一个进程描述符，并且设置新的 PID，复制父进程的进程描述符给子进程。

系统使用 exec()调用把新程序复制到子进程的地址空间。由于共享同样的地址空间，写入新进程的数据会引发页错误的异常。因此，此时内核会给子进程分配新的物理页。

当程序执行完成时，使用 exit()系统调用来终止子进程。exit()会释放进程的大部分数据结构，并且把相应终止消息通知给父进程。此时，子进程被称为僵尸进程（Zombie Process）。

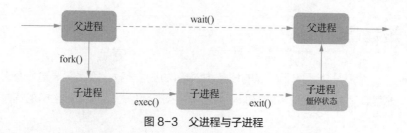

图 8-3　父进程与子进程

直到父进程通过 wait()系统调用知悉子进程终止之前，子进程都不会被完全清除。只有父进程知悉子进程终止时，它才会清除子进程的所有数据结构和进程描述符。

进程在其生命周期中会在图 8-4 所示的各个状态中切换。

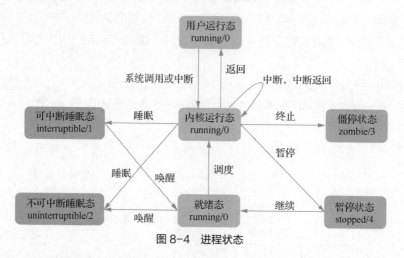

图 8-4　进程状态

- 运行态（用户运行态和内核运行态）和就绪态合并为运行状态，表示进程正在运行或准备运行。openEuler 操作系统中使用 TASK_RUNNING 宏表示此状态。
- 可中断睡眠态（浅度睡眠）：进程正在睡眠（被阻塞），等待资源到来时被唤醒，也可以通过其他进程信号或时钟中断来唤醒，进入运行队列。openEuler 操作系统使用 TASK_INTERRUPTIBLE 宏表示此状态。
- 不可中断睡眠态（深度睡眠）：它和可中断睡眠态基本类似，但有一点不同，就是不可被其他进程信号或时钟中断唤醒。openEule 操作系统使用 TASK_UNINTERRUPTIBLE 宏表示此状态。
- 暂停状态：进程暂停执行并接受某种处理，如正在接受调试的进程处于此状态。openEuler 操作系统使用 TASK_STOPPED 宏表示此状态。
- 僵停状态：进程已经结束但未释放。openEuler 操作系统使用 TASK_ZOMBIE 宏表示此状态。

8.2.2　进程管理工具

不同的进程可以设置相应的优先级，操作系统对 CPU 的资源分配是基于进程的优先级的。优先级高的进程有优先执行的权利。配置进程的优先级，在多任务环境下的 openEuler 操作系统中可以有效改善系统性能。

【示例 8-8】

```
#使用 ps -l 命令查看进程状态
[root@openEuler ~]# ps -l
F S   UID     PID    PPID C PRI  NI ADDR SZ WCHAN  TTY          TIME CMD
0 S     0    2114    2110 0  80   0 - 53847 -      pts/0    00:00:00 bash
0 R     0    2363    2114 0  80   0 - 53973 -      pts/0    00:00:00 ps
```

其中，PRI 即进程的优先级，表示进程被 CPU 执行的先后顺序，其值越小，表示进程的优先级越高。NI 即 nice，表示进程可被执行的优先级的修正数值，可理解为"谦让度"。要注意的是，进程的 nice 值不直接表示进程的优先级，但是可以通过调整 nice 值影响进程的优先级。如图 8-5 所示，条下方的数值表示优先级的值，PRI 值越小，进程越快被执行。在加入 nice 值后，PRI 计算方式变为：$PRI_{new}=PRI_{old}+nice$ 值。所以当 nice 值为负值的时候，该进程的优先级值将变小，即其优先级会变高，会越快被执行。内核使用 0～139 的数值表示内部优先级，数值越小，优先级越高。通常情况下，0～99 的数值供实时进程使用，而 100～139 的数值供非实时进程使用。

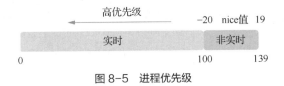

图 8-5　进程优先级

openEuler 中可以使用 nice 和 renice 命令调整进程的 nice 值，进而影响进程优先级。nice 的取值范围为-20～19。

其中 nice 的命令格式为：

```
nice [-n adjustment] [command [arg...]]
```

【示例 8-9】

```
#将 vi 编辑器运行的优先级值设置为-18
[root@openEuler ~]# nice -n -18 vi
```

renice 的取值范围和 nice 的相同，该命令的作用对象可设定为程序群组 -g、进程-p、用户-u，命令格式为：

```
renice [-n adjustment] [-] <pid>
```

【示例 8-10】

```
#将进程 6666 的运行优先级值设置为 10
[root@openEuler ~]# renice -n 10 -p 6666
```

进程还可分为前台进程和后台进程。前台进程和用户交互，需要较快的响应速度，优先级较高，是用户使用的有控制终端的进程。而后台进程几乎不和用户交互，优先级略低。比如 Linux 的守护进程是一种特殊的后台进程，其独立于终端并周期性地执行任务或等待唤醒。

除了优先级外，openEuler 操作系统支持以下多类进程管理操作。

1. 查看用户进程

who 命令主要用于查看当前系统中的用户进程情况。如果用户需要确认其他用户是否发起进程，或者 root 用户希望监视每个登录的用户此时此刻的所作所为，就可以使用 who 命令。who 命令使用起来非常方便，可以比较准确地反映用户的情况，因此应用非常广泛。

【示例 8-11】

```
#查看当前系统中的用户情况
[root@openEuler ~]# who
root     pts/0        2022-07-31 19:54 (192.168.56.1)
```

2. 查看进程

ps 命令是最基本且非常强大的进程查看命令之一。使用该命令可以确定有哪些进程正在运行、运行的状态、进程是否结束、有没有僵尸进程、哪些进程占用了过多的资源等信息。大部分进程信息都是可以通过执行该命令得到的。此外，ps 命令还可以用于监控后台进程的工作情况。ps 命令的常见选项及功能如表 8-9 所示。

表 8-9　ps 命令的常见选项及功能

选项	功能
-e	显示所有进程
-l	显示长格式
-a	显示终端上的所有进程，包括其他用户的进程
-r	只显示正在运行的进程
-f	显示全格式

【示例 8-12】

```
#显示系统终端上的所有进程
[root@openEuler ~]# ps -a
PID TTY          TIME CMD
12175 pts/6    00:00:00 bash
24526 pts/0    00:00:00 vsftpd
29478 pts/5    00:00:00 ps
32461 pts/0    1-01:58:33 sh
```

3. 中断进程

当需要中断一个前台进程的时候，通常需按"Ctrl+C"组合键；而对于后台进程，则不能用组合键来终止，这时就可以使用 kill 命令。该命令可以终止前台和后台进程。终止后台进程的原因包括：该进程占用 CPU 的时间过多、该进程已经死锁等。

命令格式：

```
kill [-s [信号] | -p] [-a] [进程号]...
kill -l [信号]
```

kill 命令是通过向进程发送指定的信号来结束进程的。如果没有指定发送的信号，那么默认为 TERM 信号。TERM 信号将终止所有不能捕获该信号的进程。至于那些可以捕获该信号的进程可能就需要使用 kill -9 命令才能终止。通常执行 kill 命令前，需要通过 ps 等命令确定需要中断的进程号。

【示例 8-13】

```
#显示系统终端上的所有进程，确定要中断的进程号
[root@openEuler ~]# ps -a
PID TTY          TIME CMD
12175 pts/6    00:00:00 bash
24526 pts/0    00:00:00 vsftpd
```

```
29478 pts/5    00:00:00 ps
32461 pts/0    1-01:58:33 sh
[root@openEuler ~]# kill -9 32461
```

4. 调度进程

有时需要对系统进行一些比较费时且占用资源的维护工作，这些工作更适合在系统相对空闲的时候进行。此时用户就可以事先对任务进程进行调度安排，指定任务运行的时间或者场合，由系统自动完成这些任务。

（1）定时执行程序。

用户使用 at 命令可以在指定时刻执行指定的命令序列，该命令至少需要指定一个命令和一个执行时间。at 命令可以只指定时间，也可以一起指定时间和日期。

命令格式：

```
at [-V] [-q [队列]] [-f [文件名]] [-mldbv] [时间]
at -c [作业] [作业]...
```

at 命令允许使用一套相当复杂的时间指定方法，如下所示。

- 接受在当天的 hh:mm（小时:分钟）式的时间指定。如果该时间已经过去，那么就延至第二天执行。
- 使用 midnight（深夜）、noon（中午）等比较模糊的词语来指定时间。
- 采用 12 小时计时制，即在时间后面加上 am（上午）或者 pm（下午）来说明是上午还是下午。
- 指定命令执行的具体日期，指定格式为 month day（月日）或者 mm/dd/yy（月/日/年）或者 dd.mm.yy（日.月.年）。指定的日期必须跟在指定时间的后面。

以上介绍的都是绝对计时法，此外还可以使用相对计时法，这有助于安排不久就要执行的命令。指定格式为 now+count time-units，now 就是当前时间，time-units 是时间单位，这里可以是 minutes（分钟）、hours（小时）、days（天）、weeks（星期）。count 是时间的数量。还有一种计时方法是直接使用 today（今天）、tomorrow（明天）来指定完成命令的时间。

【示例 8-14】

```
#指定在今天下午 4:30 执行某个命令，假设当前时间为 2022 年 6 月 1 日中午 12:30
at 4:30pm
at 16:30
at now+4 hours
at now+240 minutes
at 16:30 6/1/22
at 16:30 Jun 1
```

（2）周期性运行任务。

at 命令会在某一时间执行一定的任务，但是它只能执行一次。也就是说，当指定了运行命令后，系统在指定时间执行任务了后，命令就不会再执行了。但是在很多情况下需要周期性重复执行一些命令，这时候就需要使用 crontab 命令调用后台 cron 进程来实现。

crontab 命令用于安装、删除或者显示用于驱动 cron 进程的表格。用户把需要执行的命令序列放到 crontab 文件中以获得执行，每个用户都可以拥有自己的 crontab 文件。

crontab 命令的常用选项及功能如表 8-10 所示。

表 8-10　crontab 命令的常用选项及功能

选项	功能
-u	设置某个用户的 cron 服务
-l	列出某个用户的 cron 服务的详细内容
-r	删除某个用户的 cron 服务
-e	编辑某个用户的 cron 服务

【示例 8-15】

```
#root 用户查看自己的 cron 服务设置
[root@openEuler ~]# crontab -u root -l
```

cron 服务的内容由 crontab 文件指定，因此需要在 crontab 文件中输入需要执行的命令和时间。该文件中每行都包括 6 个域，其中前 5 个域是指定命令被执行的时间，最后一个域是要被执行的命令。每个域之间使用空格或者制表符分隔，格式如下：

```
minute hour day-of-month month-of-year day-of-week commands
```

其中各个域的说明如表 8-11 所示。

表 8-11　crontab 文件域说明

域名	说明
minute	分钟（值为 0～59）
hour	小时（值为 0～23）
day-of-month	一个月的第几天（值为 1～31）
month-of-year	一年的第几个月（值为 1～12）
day-of-week	一周的星期几（值为 0～6），0 代表星期天
commands	需要执行的命令

这些域都不能为空，必须指定值。除了指定数字，还可以指定几个特殊的符号，即 "*" "/" "-" ","，其中，"*" 代表取值范围内的所有数字，"/" 代表每的意思，"*/5" 表示每 5 个单位，"-" 代表从某个数字到某个数字，"," 用于分开几个离散数字。对于要执行的命令，调用的时候需要写出命令的完整路径。

【示例 8-16】

```
#18 点～22 点每两个小时，在/tmp/test.txt 文件中加入 "sleepy" 文本
* 18-22/2 * * * echo "sleepy" >> /tmp/test.txt
```

【示例 8-17】

```
#每天凌晨 3 点，调用 backup.sh 进行数据库备份
0 3 * * * /bin/sh /root/backup.sh
```

（3）挂起/恢复进程。

将 "&" 放在命令的最后，便可把相应命令放到后台执行。作业控制允许进程挂起并可以在需要时恢复进程的运行，被挂起的进程恢复后将从中止处开始继续运行。只要在键盘上按 "Ctrl+Z" 组合键，即可挂起当前的前台作业或当前执行的命令。使用 jobs 命令可以显示 Shell 的作业清单，包括具体的作业、作业号以及作业当前所处的状态。

恢复进程执行时，有两种选择：用 fg 命令将挂起的作业放回到前台执行；用 bg 命令将挂起的作业放到后台执行。灵活使用上述命令，将大大方便用户对于进程的使用及控制。

8.2.3 系统性能监控

通过以下命令及操作，可以查看 openEuler 操作系统基本信息以及各类性能指标状态。

【示例 8-18】

```
#查看操作系统概要信息
[root@openEuler ~]# cat /etc/os-release
NAME="openEuler"
VERSION="20.03 (LTS)"
ID="openEuler"
VERSION_ID="20.03"
PRETTY_NAME="openEuler 20.03 (LTS)"
ANSI_COLOR="0;31"
#查看 CPU 信息
[root@openEuler ~]# lscpu
#查看内存信息
[root@openEuler ~]# free
        total      used      free      shared    buff/cache   available
Mem:   1513184    186392    994024    628        332768       991828
Swap:  0          0         0
#默认以 KB 为单位计算内存大小，为更美观地读取及输出，可加上-m\g 选项，表示以 MB 或 GB 为单位计算
#查看磁盘信息
[root@openEuler ~]# df
Filesystem                     Size   Used  Avail  Use%  Mounted on
devtmpfs                       725M   0     725M   0%    /dev
tmpfs                          739M   0     739M   0%    /dev/shm
tmpfs                          739M   624K  739M   1%    /run
tmpfs                          739M   0     739M   0%    /sys/fs/cgroup
/dev/mapper/openeuler-root     9.8G   2.7G  6.6G   29%   /
tmpfs                          739M   4.0K  739M   1%    /tmp
/dev/sda1                      190M   138M  38M    79%   /boot
/dev/sda2                      200M   8.0K  200M   1%    /boot/efi
/dev/mapper/openeuler-swap     3.9G   16M   3.7G   1%    /swap
tmpfs                          148M   0     148M   0%    /run/user/0
```

此外，openEuler 操作系统可以支持丰富的工具来监控其各方面性能，如表 8-12 所示，按 CPU、内存、网络、磁盘列举了各方向常用的性能监控工具。其中包含系统自带的工具，如 top、free；也有开源、第三方的工具，通过 DNF 或其他方式安装后同样可以在 openEuler 上使用。

表 8-12　部分系统性能监控工具

监控方向	监控工具
CPU	top、pidstat、mpstat、dstat、perf、vmstat
内存	top、free、dstat、vmstat、slabtop
网络	netstat、tcpdump、nicstat、ping、dstat、dtrace、sar
磁盘	iostat、iotop、blktrace、perf、dtrace

1. top

top 命令提供了实时对系统状态进行监控的功能，也能显示系统当前的进程和其他状况。它可以按 CPU 使用、内存使用和执行时间等对系统中的进程进行排序。top 命令的很多特性都可以通过交互式命令或者在定制文件中进行设定。如图 8-6 所示，top 命令的执行过程是一个动态显示过程，即可以通过用户按键来不断刷新进程的当前状态。如果在前台执行 top 命令，它将独占前台，直到用户终止该命令为止。

```
[root@openEuler ~]# top
top - 22:14:13 up  2:13,  1 user,  load average: 0.00, 0.00, 0.00
Tasks: 101 total,   1 running, 100 sleeping,   0 stopped,   0 zombie
%Cpu(s):  0.0 us,  0.3 sy,  0.0 ni, 99.7 id,  0.0 wa,  0.0 hi,  0.0 si,  0.0 st
MiB Mem :    981.7 total,    487.3 free,    186.9 used,    307.5 buff/cache
MiB Swap:   4096.0 total,   4096.0 free,      0.0 used,    470.9 avail Mem

    PID USER      PR  NI    VIRT    RES    SHR S  %CPU  %MEM     TIME+ COMMAND
      1 root      20   0  105980  14408   8976 S   0.0   1.4   0:01.28 systemd
      2 root      20   0       0      0      0 S   0.0   0.0   0:00.00 kthreadd
      3 root       0 -20       0      0      0 I   0.0   0.0   0:00.00 rcu_gp
      4 root       0 -20       0      0      0 I   0.0   0.0   0:00.00 rcu_par_gp
      6 root       0 -20       0      0      0 I   0.0   0.0   0:00.00 kworker/0:0H-kblockd
      8 root       0 -20       0      0      0 I   0.0   0.0   0:00.00 mm_percpu_wq
      9 root      20   0       0      0      0 S   0.0   0.0   0:00.07 ksoftirqd/0
     10 root      20   0       0      0      0 I   0.0   0.0   0:00.24 rcu_sched
     11 root      20   0       0      0      0 I   0.0   0.0   0:00.00 rcu_bh
     12 root      rt   0       0      0      0 S   0.0   0.0   0:00.00 migration/0
     13 root      20   0       0      0      0 S   0.0   0.0   0:00.00 cpuhp/0
     15 root      20   0       0      0      0 S   0.0   0.0   0:00.00 kdevtmpfs
     16 root       0 -20       0      0      0 I   0.0   0.0   0:00.00 netns
     17 root      20   0       0      0      0 S   0.0   0.0   0:00.00 kauditd
     18 root      20   0       0      0      0 S   0.0   0.0   0:00.00 khungtaskd
     19 root      20   0       0      0      0 S   0.0   0.0   0:00.00 oom_reaper
     20 root       0 -20       0      0      0 I   0.0   0.0   0:00.00 writeback
     21 root      20   0       0      0      0 S   0.0   0.0   0:00.00 kcompactd0
     22 root      25   5       0      0      0 S   0.0   0.0   0:00.00 ksmd
     23 root      39  19       0      0      0 S   0.0   0.0   0:00.01 khugepaged
     24 root       0 -20       0      0      0 I   0.0   0.0   0:00.00 crypto
     25 root       0 -20       0      0      0 I   0.0   0.0   0:00.00 kintegrityd
     26 root       0 -20       0      0      0 I   0.0   0.0   0:00.00 kblockd
     27 root       0 -20       0      0      0 I   0.0   0.0   0:00.00 md
     28 root       0 -20       0      0      0 I   0.0   0.0   0:00.00 edac-poller
     29 root      rt   0       0      0      0 S   0.0   0.0   0:00.00 watchdogd
     38 root      20   0       0      0      0 S   0.0   0.0   0:00.00 kswapd0
     89 root       0 -20       0      0      0 I   0.0   0.0   0:00.00 kthrotld
```

图 8-6　top 命令的执行

top 命令执行结果的第一行显示的是概况信息，分别为当前系统时间，开机到现在经过的时间，当前登录到该计算机的用户数量，系统 1min、5min、15min 内的平均负载值。第二行是进程计数信息，分别显示进程总数、正在运行的进程数、睡眠进程数、停止进程数和僵尸进程数。第三行是 CPU 使用率信息，分别显示进程在用户空间消耗的 CPU 时间占比"us"、进程在内核空间消耗的 CPU 时间占比"sy"、调整优先级值后的 CPU 时间占比"ni"、空闲的 CPU 时间占比"id"、处理硬中断的 CPU 时间占比"hi"、处理软中断的 CPU 时间占比"si"等。第四行、第五行为物理内存和交换空间相关信息，分别显示内存总大小、空闲内存大小、已使用内存大小及缓存和 cache 所占的内存大小。接下来的所有行显示的都是进程的详细信息，分别显示进程 ID"PID"、用户"USER"、优先级"PR"、nice 值"NI"、进程状态"S"、CPU 时间占比"%CPU"、占用内存比例"%MEM"、进程执行命令"COMMAND"等信息。

top 命令的常用选项及功能如表 8-13 所示。

表 8-13　top 命令的常用选项及功能

选项	功能
-d	修改显示信息的刷新速度
-c	切换显示模式，共有两种模式：只显示执行命令的名称或显示完整的路径与名称
-n	设置刷新次数，完成会自动退出
-S	累计模式，会累计父进程和其所有子进程的 CPU 时间

【示例 8-19】

```
#设置 top 命令刷新 10 次后终止
[root@openEuler ~]# top -n 10
```

2. vmstat

vmstat 命令用来显示虚拟内存的信息。它可以展现给定时间间隔的服务器的状态值，包括服务器的 CPU 使用率、内存使用情况、虚拟内存交换情况、I/O 读写情况等。vmstat 命令的常用选项及功能如表 8-14 所示。

表 8-14　vmstat 命令的常用选项及功能

选项	功能
-a	显示活跃和非活跃内存
-f	显示从系统启动至今的系统调用数量
-m	显示 slabinfo
-S	使用指定单位显示，有 k 、K、m、M，分别代表 1000B、1024B、1000000B、1048576B。默认单位为 K

【示例 8-20】

```
#活跃和非活跃内存
[root@openEuler ~]# vmstat -a
procs -----------memory---------- ---swap-- -----io---- -system-- ------cpu-----
 r  b   swpd   free  inact active   si   so    bi    bo   in   cs us sy id wa st
 2  0      0 498932 182768 203508    0    0    21     5   97  109  0  1 99  0  0
```

此外，vmstat 命令还支持设置采样频率和次数，第一个参数表示采样的频率，单位是 s，第二个参数表示采样的次数。

【示例 8-21】

```
#使用 vmstat 命令每 2s 采集服务器状态，采集 3 次
[root@openEuler ~]# vmstat 2 3
procs -----------memory---------- ---swap-- -----io---- -system-- ------cpu-----
 r  b   swpd   free   buff  cache   si   so    bi    bo   in   cs us sy id wa st
 2  0      0 498872  22416 293556    0    0    21     5   97  109  0  1 99  0  0
 0  0      0 498752  22416 293556    0    0     0    68  104  162  0  1 99  0  0
 0  0      0 498752  22416 293556    0    0     0     0   95   99  1  0 100 0  0
```

3. netstat

netstat 命令用于显示与 IP、TCP（Transmission Control Protocol，传输控制协议）、UDP（User Datagram Protocol，用户数据报协议）和 ICMP（Internet Control Message Protocol，互联网控制报文

协议）相关的统计数据，一般用于检验本机各端口的网络连接情况。netstat 是在内核中访问网络及相关信息的程序，它能提供 TCP 连接、TCP 和 UDP 监听、进程内存管理的相关报告。

netstat 命令的常用选项及功能如表 8-15 所示。

表 8-15　netstat 命令的常用选项及功能

选项	功能
-a	显示所有连线中的 socket
-t	显示 TCP 的连线情况
-u	显示 UDP 的连线情况
-l	显示监控中的服务器的 socket
-p	显示正在使用 socket 的程序识别码和程序名称
-n	直接使用 IP 地址，而不通过域名服务器
-r	显示路由表

【示例 8-22】

```
#当前时刻 TCP 的连线情况
[root@openEuler ~]# netstat -t
Active Internet connections (w/o servers)
Proto Recv-Q Send-Q Local Address          Foreign Address       State
tcp        0      0 openEuler:ssh          _gateway:9139         ESTABLISHED
tcp        0     64 openEuler:ssh          _gateway:9138         ESTABLISHED
```

4. iotop

iotop 命令用于监控磁盘的 I/O 使用情况，类似于 top 命令，它可以实时监测每一个进程使用的磁盘 I/O 情况，是进程级别的 I/O 监控工具。

iotop 命令的常用选项及功能如表 8-16 所示。

表 8-16　iotop 命令的常用选项及功能

选项	功能
-o	显示有 I/O 操作的进程
-b	设置运行在非交互式中
-n	设置显示次数
-d	设置监控间隔秒数
-p	指定监控进程号，只输出对应进程的输入输出相关信息
-u	显示监控的进程用户
-k	使用 K/s 作为显示单位

【示例 8-23】

```
#使用 dnf 命令安装 iotop
[root@openEuler ~]# dnf -y install iotop
#显示当前有 I/O 操作的进程
[root@openEuler ~]# iotop -o
Total DISK READ :       0.00 B/s | Total DISK WRITE :       0.00 B/s
Actual DISK READ:       0.00 B/s | Actual DISK WRITE:       0.00 B/s
   TID  PRIO  USER     DISK READ  DISK WRITE  SWAPIN     IO>    COMMAND
 91925 be/4 root        0.00 B/s    0.00 B/s  0.00 %  0.06 % [kworker/0:0-events]
```

8.3 本章练习

1. 描述系统启动的 5 个阶段，并列出每个步骤中的操作。

2. 描述 BIOS 和 UEFI 两种硬件启动方式的区别。

3. openEuler 操作系统的运行级别分为哪几类，每一类有什么功能？

4. 如何自定义 systemd 服务？

5. 进程管理工具有哪些？它们各自有哪些参数，提供哪些功能？

第9章
网络管理

09

学习目标

- 了解 openEuler 操作系统中的常见网络协议。
- 掌握网络配置基础知识。

用户在使用应用程序（例如浏览器、邮件服务器等网络应用程序）时，应用程序本身并不能完成数据包的收发工作。当应用程序生成数据包后，会委托操作系统通过网络来进行数据包的收发。本章将讲解 openEuler 操作系统的网络管理基础知识，以及具体操作。

9.1 操作系统网络基础

操作系统在完成数据包的收发工作时，需要各个组件与功能的相互配合。其中涉及统一的网络协议、动态主机配置、域名解析、时钟同步等，本节将从这几部分出发具体讲解 openEuler 系统中常见的网络协议，以及基本功能组件。

9.1.1 常见网络协议

为了能够更清晰地阐释数据收发的过程，在设计网络服务和协议时需要把网络抽象成分层的网络体系结构。两个著名的网络体系结构为：OSI（Open System Interconnection，开放系统互连）参考模型和 TCP/IP 参考模型。本书为了使读者更好地理解 openEuler 系统中的常见网络协议，结合 OSI 参考模型和 TCP/IP 参考模型，使用一个 5 层的参考模型，如图 9-1 所示。

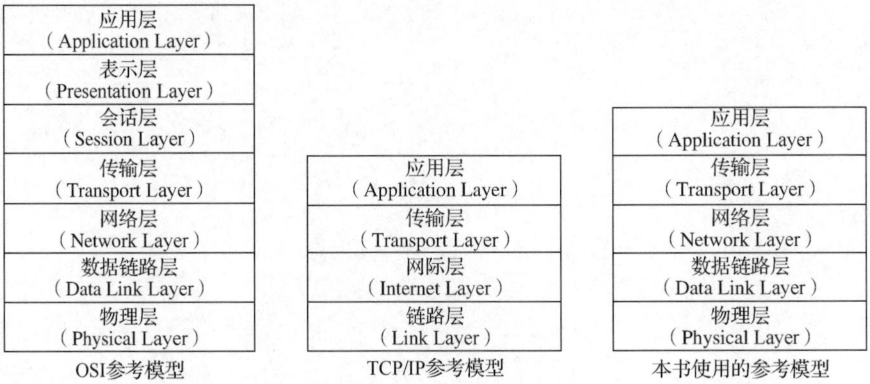

应用层 （Application Layer）		
表示层 （Presentation Layer）		
会话层 （Session Layer）		应用层 （Application Layer）
传输层 （Transport Layer）	应用层 （Application Layer）	传输层 （Transport Layer）
网络层 （Network Layer）	传输层 （Transport Layer）	网络层 （Network Layer）
数据链路层 （Data Link Layer）	网际层 （Internet Layer）	数据链路层 （Data Link Layer）
物理层 （Physical Layer）	链路层 （Link Layer）	物理层 （Physical Layer）
OSI参考模型	TCP/IP参考模型	本书使用的参考模型

图 9-1　参考模型

在 openEuler 操作系统中，涉及的网络协议层次的核心是传输层和网络层。本节将具体介绍几种常见的网络协议，如表 9-1 所示。

表 9-1　常见网络协议

协议名称	缩写	网络层级	功能
传输控制协议	TCP	传输层	一种面向连接的、可靠性高的传输层协议，通常用在传输效率低，但可靠性要求高的场景中，如文件传输、电子邮件发送等
用户数据报协议	UDP	传输层	一种无连接的、可靠性低的传输层协议，通常用在实时性高、传输效率高，但可靠性要求低的场景中，例如音视频通信
互联网协议	IP	网络层	通过源主机和目的主机的地址来传送数据的网络层协议，有 IPv4 和 IPv6 两个版本
互联网控制报文协议	ICMP	网络层	用于在 IP 主机之间发送控制消息，提供可能发生在通信环境中的各种问题的反馈，其本身不负责数据传输
动态主机配置协议	DHCP	应用层	通常被应用在大型的局域网环境中，使网络环境中的主机可以动态地获取 IP 地址，提升地址的使用率

1. TCP

传输层的主要作用是为应用层提供数据传输服务。应用程序进程产生待传输的数据之后就会委托操作系统中的传输层对数据进行封装，并将其传输给对端服务器或客户端。传输层提供两种类型的数据传输服务：面向连接的服务和无连接服务（Connectionless Service）。

面向连接的服务类似于电话通信系统。当需要打电话给某人的时候，应拨号、建立连接、通话、挂机、释放资源。面向连接的服务也需要先建立连接，确定对方接收到了消息，然后提供可靠的数据传输服务。无连接服务则类似于邮政系统模型，消息被发送出去，但无法确认对方是否接收到了消息。

互联网有别于局域网，互联网的各个部分存在着不同的带宽、延迟、数据包大小、拓扑等。TCP 就是为了在不稳定、不可靠的互联网上提供可靠的端到端的数据传输服务而设计的传输层协议。

当应用程序将生成的消息发送给操作系统的协议栈进行转发时，如果消息过长，它将被拆分成数据块。TCP 会在每个数据块前面加上 TCP 头部，称为段头。TCP 头部保存发送方端口号、接收方端口号、序号等控制信息。后续将具体讲解 TCP 头部所包含的内容及其作用。

当数据块加上了 TCP 头部之后，会被继续转发给网络层，加上 IP 头部，称为包头。IP 头部包含网络层协议规定的、根据网络层地址发往目的地所需的控制信息。这种网络层之间交换的单元称为数据包（Package），其结构如图 9-2 所示。数据包（以太网包）会继续被转发给数据链路层，在数据链路层加上 MAC 头部，称为帧头。MAC 头部包含通过以太网的局域网将数据包传输到最近的路由器所需的控制信息。这种数据链路层之间交换的单元称为数据帧（Frame）。封装好的数据帧会被转发给物理层的网络硬件（一般将它们统称为网卡）。转发给网卡的数据帧会被转化为由 0 和

1 组成的数字串，网卡会将数字串以电信号或光信号的形式，通过网线或光纤传输出去。再经过集线器、路由器等信号转发设备，最终将信号传输到目的地。

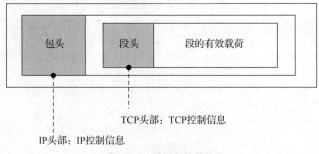

图 9-2　数据包的结构

当对端的数据链路层检测到 MAC 头部中包含的目的地址信息与本端的地址信息相同时，则会解封装收到的帧，并转发给本端的网络层。网络层将会检测 IP 头部中包含的网络层目的地址是否与本端网络地址相同。如果相同，则继续解封装，并将数据包转发给传输层；若不相同，则会根据路由表中的信息将数据包转发出去。

若客户端要将应用程序生成的数据包发送给目的服务器，需先在两台服务器间建立连接。目的服务器收到数据包后，需对数据包进行解析，确认目的地址等控制信息。

（1）TCP 服务模型。

为了能够向应用程序提供 TCP 服务，TCP 服务提供一些操作（也就是传输服务接口），通常称这些操作为传输原语。TCP 服务使用的传输原语为 socket 原语。socket 的实体就是通信控制信息。表 9-2 列出了 TCP 的部分 socket 原语及含义。

表 9-2　TCP 的部分 socket 原语及含义

原语	含义
SOCKET	创建一个新通信端点
BIND	将 socket 与一个本地地址关联
LISTEN	声明愿意接受连接；给出队列长度
ACCEPT	被动创建一个入境连接
CONNECT	主动创建一个入境连接
SEND	通过连接发送一些数据
RECEIVE	通过连接接收一些数据
CLOSE	释放连接

消息的发送端和接收端会创建一对称为 socket 的端点来获得 TCP 服务。在 openEuler 操作系统中可以使用 netstat -anp 命令查看系统中的 socket 连接，如图 9-3 所示。

```
[root@openeuler ~]# netstat -anp
Active Internet connections (servers and established)
Proto Recv-Q Send-Q Local Address          Foreign Address         State        PID/Program name
tcp        0      0 0.0.0.0:22             0.0.0.0:*               LISTEN       1848/sshd
tcp        0      0 192.168.0.199:53180    169.254.169.254:80      TIME_WAIT    -
tcp        0     64 192.168.0.199:22       119.3.119.21:6847       ESTABLISHED  2054/sshd: root [pr
tcp6       0      0 :::22                  :::*                    LISTEN       1848/sshd
udp        0      0 0.0.0.0:68             0.0.0.0:*                            1114/dhclient
udp        0      0 127.0.0.1:323          0.0.0.0:*                            1003/chronyd
udp6       0      0 ::1:323                :::*                                 1003/chronyd
```

图 9-3　查看 socket 连接

socket 中记录了通信双方的一些信息，IP 地址和端口号就是其中典型的信息。操作系统的协议栈会将本地的 socket 和对端的 socket 进行连接。

表 9-3 列举了一些常见的端口。

表 9-3　一些常见的端口

端口	协议	用途
20、21	FTP	传输文件
22	SSH	远程登录，Telnet 的替代品
25	SMTP	收发电子邮件
80	HTTP	访问万维网
110	POP3	访问远程邮件
143	IMAP	访问远程邮件
443	HTTPS	信息安全的 Web（SSL/TLS 之上的 HTTP）
543	RTSP	控制媒体播放
631	IPP	共享打印机

（2）TCP 头部。

客户端和服务器在连接阶段和数据的收发阶段，都需要交换控制信息，这些信息对应的字段是固定的，位于数据包的开头，称为 TCP 头部。TCP 头部最小长度为 20 个字节。

图 9-4 所示为 TCP 头部的结构。

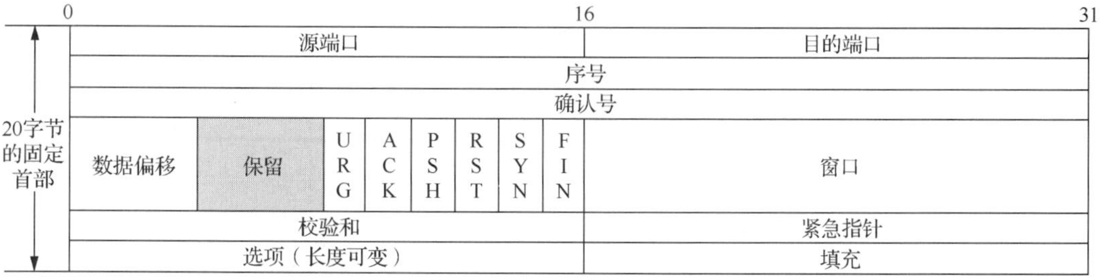

图 9-4　TCP 头部的结构

TCP 数据段的传输过程为从上到下、从左到右。

表 9-4 详细解释了 TCP 头部中字段的含义。

表 9-4 TCP 头部字段含义

字段	含义
源端口	连接的源端口
目的端口	连接的目的端口
序号	发送数据的顺序编号
确认号	接收数据的顺序编号
数据偏移	标识 TCP 头部包含多少个 32 位的字节
URG	标识紧急指针字段有效
ACK	被设置为 1，标识确认号字段是有效的
PSH	标识数据包是被推送的数据
RST	重置遇到问题的连接
SYN	建立连接
FIN	释放连接
窗口	标识可以发送多少个字节，用于流量控制
校验和	检测 TCP 头部和数据中的传输错误
紧急指针	标识紧急处理的数据位置
选项	除了上面的固定头部字段之外，提供了添加额外字段的途径
填充	用于填充 TCP 头部长度

（3）TCP 连接建立过程。

TCP 使用三次握手（Three-Way Handshake）法来建立连接，使用三次握手法建立 TCP 连接的过程如图 9-5 所示。

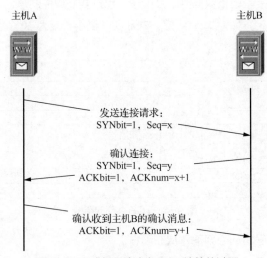

图 9-5 三次握手法建立 TCP 连接的过程

① 第一次握手：主机 A 向主机 B 发送一个 SYN 标志位（SYNbit）为 on 的 TCP 段，字段中包含序号（Seq）x，x 为主机 A 的初始序号。

② 第二次握手：主机 B 返回一个 ACK 值（ACKnum）作为对主机 A 的序号 x 的确认，如 ACKnum=x+1；同时发送自己的序号（Seq）y。如果有丢失的情况，则会重传。

③ 第三次握手：主机 A 在发送第一个数据段时，ACK 标志位（ACKbit）被置为 1，ACKnum 为 y+1，表示确认收到主机 B 的确认消息。

（4）释放连接。

当主机 A 和主机 B 都完成了数据的传输时，则需要释放连接。释放 TCP 连接的过程如图 9-6 所示。

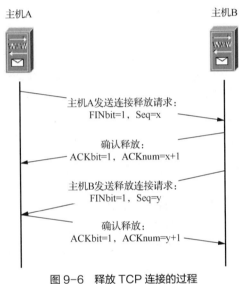

图 9-6　释放 TCP 连接的过程

① 主机 A 发送一个 FIN 段，其中包含主机 A 当前的序号 x，FIN 标志位（FINbit）为 1。

② 主机 B 收到主机 A 发送的 FIN 段之后，会返回一个 ACK 段，ACK 值为主机 A 的序号加 1，表明收到了释放连接的 FIN 段。

③ 主机 B 发送自己的 FIN 段，包含主机 B 当前的序号 y。

④ 主机 A 收到主机 B 的 FIN 段之后，会发送一个 ACK 段，ACK 值等于 y 加 1。

通常，第一个 ACK 段和第二个 FIN 段会被组合到同一个数据段中，从而使四次挥手降低到三次挥手。

2. UDP

大部分应用程序都需要 TCP 提供面向连接的、稳定可靠的数据传输。也有一些应用程序是通过 UDP 来进行数据传输的。例如在向 DNS（Domain Name System，域名系统）服务器查询 IP 地址的时候，就是使用 UDP 进行数据传输的。另外，在发送音频数据和视频数据的时候，也通常使用 UDP。

相对于 TCP 面向连接的服务，UDP 为应用程序提供无连接服务。无连接服务的每一个 UDP 数据段中都包含完整的目的地址信息，每一个数据段都独立于前后的数据段单独传输。UDP 不需要提前建立连接，消息可以直接由网络中的中间节点路由传输到目的端口。

UDP 传输的数据段由 8 个字节的头部和数据字段组成。

3. IPv4 与 IPv6

前面讲述的 TCP 和 UDP 都是传输层协议，传输层提供了端到端的数据段传输功能。若数据发送端和接收端不属于同一网络，数据段想要从一个网络传输到另一个网络，就需要通过一些中间节点进行路由。在网络中有非常多的中间节点，如何选择传输路径、选择哪些数据段由中间节点进行路由，就需要由 IP 协议来决定。

传输层会将从应用转发的消息打包成数据块转发给网络层，由网络层 IP 协议将数据段进行打包，加入网络层的控制信息。控制信息包含对端节点的 IP 地址，以及下一跳中间节点的 IP 地址。通过地址解析协议(Address Resolution Protocol，ARP)可以找到下一跳中间节点 IP 地址对应的 MAC 地址，并把数据包继续转发给数据链路层，加上帧头，封装成帧。之后数据链路层将帧转交给物理层的网卡传输出去。

IPv4 是目前最流行、最通用的网络层协议之一。每个 IPv4 数据包都包含头部和数据两部分，头部由一个固定的 20 个字节的部分和一个变长的可选部分组成。其中源地址和目的地址字段包含源节点的 IP 地址和目的节点的 IP 地址。

IPv4 地址非常紧缺，为了解决地址紧缺的问题，互联网工程任务组（ Internet Engineering Task Force，IETF ）发布了 IPv6。IPv6 采用 128 位地址，并对 IPv4 的头部进行了简化，而且提升了安全性、服务质量等方面。

IPv6 和 IPv4 并不兼容，如果 IPv6 的网络想要通过 IPv4 的网络进行连接，可以使用隧道技术，将 IPv6 的数据包打包在 IPv4 的数据包中，在到达目的网络之后进行解封装，继续将数据包以 IPv6 数据包的形式进行传输。在未来很长一段时间里，IPv4 和 IPv6 两种协议将并存于互联网中。

4. ICMP

在网络层，除了用于数据传输的 IP 协议，还有一些控制协议。ICMP 就是其中非常重要的一个控制协议。当数据包传输发生了意外时，ICMP 就会报告相关问题给源端点，例如目的地址不可达、超时、参数问题等。这些控制消息被封装在数据包中进行传输。

5. DHCP

DHCP 也是一个常用的网络层控制协议。如果一个网络中有成百上千台计算机，那么手动配置每一台计算机 IP 地址的操作，既冗长又容易出错。DHCP 服务器可以通过 DHCP 协议来帮助计算机动态分配 IP 地址。

当某台计算机需要获取一个 IP 地址时，这台计算机会在网络中广播一个 DHCP DISCOVER 包，这个包会到达 DHCP 服务器。DHCP 服务器通过包中的以太网地址来标记这台计算机。当 DHCP 服务器收到了来自计算机的 IP 地址申请请求，则会动态地为这台计算机分配一个 IP 地址，并通过报文（ DHCP OFFER 包 ）将 IP 地址返回给计算机。

为了防止计算机退出网络时，IP 地址没有被收回，造成 IP 地址的丢失和浪费的情况，通常被分配的 IP 地址有一个有效期。如果 IP 地址过了有效期，那么计算机必须向 DHCP 服务器再次申请续订该 IP 地址，否则，计算机将不能继续使用此 IP 地址。

9.1.2　DNS

客户端可以通过服务器的 IP 地址，调用服务器所提供的服务，例如访问 Web 网页、发送电子邮件等。但记录和维护这些 IP 地址非常麻烦，所以人们引入了 DNS，只需要输入一些易读的名字，DNS 就会把这些名字转换成可以被网络所识别的网络地址。下面具体讲解 DNS 的工作原理。

DNS 是一个应用层协议，其基本功能是将域名映射成 IP 地址、电子邮箱地址等。

DNS 的空间结构是基于树形的分层结构，共 5 层，包括根域、顶级域、二级域、子域以及主机名。

DNS 的空间结构如图 9-7 所示。

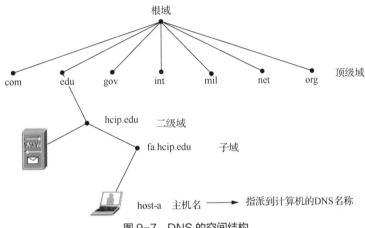

图 9-7　DNS 的空间结构

每个根域名中都包含所有的顶级域名所对应的 DNS 地址。一个域的信息不能拆开存放于多个 DNS 服务器，但通常每个 DNS 服务器会包含多个域的相关信息。为了便于理解，在本书中，假设每个 DNS 服务器只负责映射一个域的相关信息。

不管是在顶级域，还是在只包含主机信息的子域，每个域名都有一条或多条和它相关联的资源记录。一条资源记录包含 5 种信息，如表 9-5 所示。

表 9-5　DNS 资源记录的信息内容

信息内容	具体含义
Domain_name（域名）	表明资源记录适用于哪个域
Time_to_live（生存期）	表明资源记录的稳定程度
Class（类别）	表明资源记录的类别
Type（类型）	表明资源记录的类型
Value（值）	返回给客户端的响应消息中包含的信息，如 IP 地址、收件服务器等

DNS 的资源记录有许多种类型，表 9-6 列举了几种常用的类型。

表 9-6　DNS 资源记录的常用类型

类型	含义	值
A	主机的 IPv4 地址	32 位整数
AAAA	主机的 IPv6 地址	128 位整数
MX	邮件交换	指向邮件服务器
NS	域名服务器	本域的服务器名称
CNAME	规范名	域名

在域名查询过程中，有一些域名不会记录在本地域名服务器中，本地域名服务器需要查询根域名服务器，根域名服务器会返回下一级的顶级域名服务器的地址给本地域名服务器，依次解析，最终子域名服务器会返回对应的 IP 地址给本地域名服务器，再由本地域名服务器返回与请求查询的域名相关联的 IP 地址给客户端。域名解析流程如图 9-8 所示。

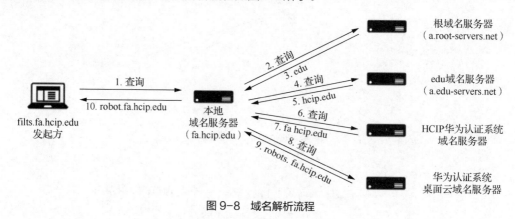

图 9-8　域名解析流程

当发起方（客户端）发起域名查询请求给本地域名服务器时，本地域名服务器会代替客户端进行域名解析，直到返回所需的结果。这种查询的机制称为递归查询（Recursive Query）。

当本地域名服务器向根域名服务器发送请求时，根域名服务器并不是返回一个完整的答案，只是返回下一级的顶级域名服务器的地址作为部分答案，顶级域名服务器会继续返回二级域名服务器的地址作为部分答案。以此类推，本地域名服务器依次查询下一级服务器，直到获得所需的结果。这种查询的机制称为迭代查询（Iterative Query）。

9.1.3　NTP

在调用网络服务时，如果客户端和服务器的时间不统一，会产生混乱。例如在系统进行远程备份的过程中，服务器与客户端时间不一致，备份的内容可能会出现相互覆盖或内容缺失等情况。

网络时间协议（Network Time Protocol，NTP）的基本功能是使网络中具有时钟的设备从分布式时钟服务器或时钟源（如 GPS、石英钟等）中做时间同步，从而保持时间一致。和 DNS 相同，NTP 的底层也基于 UDP。

设备 A 和设备 B 是两个网络互通、各自有独立时钟系统的设备。设备 B 作为 NTP 时钟服务器，设备 A 将通过 NTP 使自己的时间和设备 B 的时间同步。在两个设备时间同步之前，设备 A

的时间为 10:00:00 AM，设备 B 的时间为 11:00:00 AM。NTP 报文在设备 A 和设备 B 之间传输所需时间为 1s。

NTP 具体工作原理如图 9-9 所示。

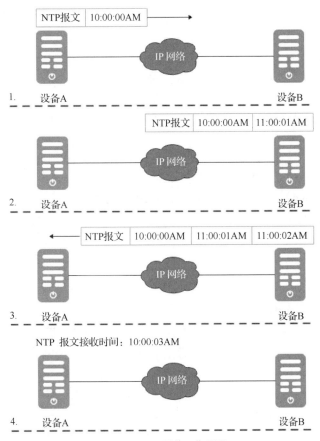

图 9-9　NTP 具体工作原理

（1）设备 A 发送一个带有发送时间戳的 NTP 报文给设备 B，时间戳为 t_1（10:00:00AM）。

（2）当 NTP 报文到达设备 B 时，设备 B 在 NTP 报文上加上自己此时的时间戳 t_2（11:00:01AM）。

（3）当 NTP 报文离开设备 B 时，设备 B 给 NTP 报文又加上一个时间戳 t_3(11:00:02AM)。

（4）当 NTP 报文到达设备 A 时，设备 A 给 NTP 报文加上第四个时间戳 t_4(10:00:03AM)。

（5）NTP 报文往返延迟时间为：$\theta=(t_4-t_1)-(t_3-t_2)$。

（6）设备 A 和设备 B 的时间差为：$\delta=((t_2-t_1)+(t_3-t_4))/2$。

（7）根据 θ 和 δ 两个参数，设备 A 就可以设定自己的时钟，与设备 B 的时钟同步。

9.2　网络配置基础

一台服务器如需通过网络与其他服务器进行数据交换，则需进行网络配置。一台服务器通常配有一个或多个网卡。网卡也称为网络适配器、网络接口控制器等，是连接计算机与有线或无线网络的接口。在 OSI 参考模型中，网卡处于第一层物理层和第二层数据链路层之间。每个网卡都拥有独一无二的 MAC 地址，即一个 48 位的串行号，它由 IEEE（Institute of Electrical and Electronics Engineers，电气电子工程师学会）统一分配。

每个网卡都可以配置自己的 IP 地址，在同一台计算机中，可以安装多个应用程序，以端口号标识不同的应用程序。若网络 A 中的服务器要发送数据包到不在网络 A 中的目的服务器上，则需将数据包通过网络 A 的网关转发给目的网络 B 的网关，再由目的网络 B 的网关，转发给网络 B 中的服务器。定义了 IP 地址和网关后，还需定义数据包传输的路径，即路由。通常在配置网络时，会为每台服务器配置主机名，主机名与 IP 地址相对应，便于服务器的识别和配置。

9.2.1 配置 IP 地址

openEuler 中配置 IP 地址有 4 种方式：使用 NetworkManager 配置 IP 地址，使用 ip 命令配置 IP 地址，使用 ifconfig 命令配置 IP 地址，使用配置文件配置 IP 地址。

使用 ifconfig 或 ip 命令配置 IP 地址时，IP 地址将在服务器重启后失效，通常用于临时测试。NetworkManager 功能强大，但指令较复杂，较少用于 IP 地址配置。通常使用修改配置文件的方式进行永久 IP 地址配置。

IP 地址可以分为动态 IP 地址和静态 IP 地址。其中动态 IP 地址是指计算机开机后自动获取到的 IP 地址。静态 IP 地址也称为固定 IP 地址，是在装机时配置或由互联网服务商分配给用户的 IP 地址。

1. 使用 NetworkManager 配置 IP 地址

NetworkManager 是 openEuler 系统中管理和监控网络设置的守护进程。NetworkManager 使用 nmcli 作为命令行工具。通过 nmcli，可以实现使用命令行配置由 NetworkManager 管理的网络。

nmcli 的命令格式如下：

```
nmcli [选项] OBJECT {命令 | help }
```

可以使用 nmcli help 查看所有可选参数。

（1）nmcli 的常用命令。

显示 NetworkManager 管理的网络连接的详细信息的命令：

```
nmcli connection show
```

显示 NetworkManager 识别到的设备及其状态的命令：

```
nmcli device status
```

启用和禁用网络接口（eth0 为网络接口名称）的命令：

```
nmcli connection up id eth0
nmcli device disconnect eth0
```

（2）配置动态 IP 地址。

① 创建连接。

创建连接时，若使用 DHCP 分配动态 IP 地址，可以使用动态 IP 地址配置添加网络配置文件：

```
nmcli connection add type ethernet con-name connection-name ifname
interface-name
```

【示例 9-1】

```
# 创建名为 net-test 的动态连接配置
[root@openEuler ~]# nmcli connection add type ethernet con-name net-test ifname
enp3s0 Connection 'net-test' (a771baa0-5064-4296-ac40-5dc8973967ab) successfully added.
```

NetworkManager 会将参数 connection.autoconnect 设为 yes，并保存到/etc/sysconfig/network-scripts/ifcfg-net-test 文件中，该文件中的 ONBOOT 参数将会被设置为 yes。

② 激活连接。

使用如下命令激活网络连接：

```
# nmcli con up net-test
Connection successfully activated (D-Bus active path:/org/freedesktop/
NetworkManager/ActiveConnection/5)
```

激活之后，使用如下命令检查设备及连接的状态：

```
# nmcli device status
DEVICE      TYPE       STATE       CONNECTION
enp4s0      ethernet   connected   enp4s0
enp3s0      ethernet   connected   net-static
virbr0      bridge     connected   virbr0
lo          loopback   unmanaged   --
virbr0-nic  tun        unmanaged   --
```

（3）配置静态 IP 地址。

① 创建连接。

通过如下命令来创建静态 IPv4 地址配置的网络连接：

```
   nmcli connection add type ethernet con-name connection-name ifname
interface-name ip4 address gw4 address
```

【示例 9-2】

```
# 创建名为 net-static 的静态连接配置
   nmcli con add type ethernet con-name net-static ifname enp3s0 ip4 192.168.0.10/24
gw4 192.168.0.254
```

② 激活连接。

使用如下命令激活网络连接：

```
# nmcli con up net-static ifname enp3s0
[root@openEuler ~]# Connection successfully activated (D-Bus active path:
/org/freedesktop/NetworkManager/ActiveConnection/6)
```

激活连接后，可使用 nmcli device status 查看设备及连接的状态：

```
[root@openEuler ~]# nmcli device status
DEVICE      TYPE       STATE       CONNECTION
enp4s0      ethernet   connected   enp4s0
enp3s0      ethernet   connected   net-test
virbr0      bridge     connected   virbr0
lo          loopback   unmanaged   --
virbr0-nic  tun        unmanaged   --
```

2. 使用 ip 命令配置 IP 地址

使用 ip 命令配置的 IP 地址可以立即生效，但系统重启之后配置会失效。

使用 ip 命令配置 IP 地址的命令格式如下：

```
ip address [ add | del ] IP 地址 dev interface-name
```

【示例 9-3】

```
#在 root 权限下，修改 eth0 接口的 IP 地址
[root@openEuler ~]# ip address add 192.168.0.10/24 dev eth0
```

配置完成之后，可以使用 ip address show dev enp3s0 命令查看配置结果。

也可使用 ip address add 命令为同一个端口配置多个 IP 地址。

【示例 9-4】

```
#使用 ip address add 命令为同一个端口配置多个 IP 地址
[root@openEuler ~]# ip address add 192.168.2.223/24 dev enp4s0
[root@openEuler ~]# ip address add 192.168.4.223/24 dev enp4s0
[root@openEuler ~]# ip addr
3: enp4s0: <BROADCAST,MULTICAST,UP,LOWER_UP> mtu 1500 qdisc fq_codel state UP
group default qlen 1000
    link/ether 52:54:00:aa:da:e2 brd ff:ff:ff:ff:ff:ff
    inet 192.168.203.12/16 brd 192.168.255.255 scope global dynamic
noprefixroute enp4s0
       valid_lft 8389sec preferred_lft 8389sec
    inet 192.168.2.223/24 scope global enp4s0
       valid_lft forever preferred_lft forever
    inet 192.168.4.223/24 scope global enp4s0
       valid_lft forever preferred_lft forever
    inet6 fe80::1eef:5e24:4b67:f07f/64 scope link noprefixroute
       valid_lft forever preferred_lft forever
```

3. 使用 ifconfig 命令配置 IP 地址

在 openEuler 操作系统中，也可以使用 ifconfig 命令来配置 IP 地址，或查看当前的配置，命令的选项及功能说明如表 9-7 所示。

ifconfig 命令格式如下：

```
ifconfig [接口名] [选项]
```

表 9-7　ifconfig 命令的选项及功能说明

选项	功能说明
add <address>	设置 IP 地址
del <address>	删除相应的 IP 地址
netmask <address>	配置网络的子网掩码
up	启用指定的网络设备
down	禁用指定的网络设备

【示例 9-5】

```
#配置 eth0 接口的 IP 地址
[root@openEuler ~]# ifconfig eth0 192.168.0.2 netmask 255.255.255.0
```

4. 使用配置文件配置 IP 地址

通过修改网卡配置文件可以永久修改 IP 地址，但相应配置不会立刻生效，需通过 systemctl restart network.service 命令重启网络服务之后才能生效。

（1）配置静态 IP 地址。

以 eth0 接口为例，在/etc/sysconfig/network-scripts/中修改 ifcfg-eth0 文件，具体修改示例如下：

```
TYPE=Ethernet
PROXY_METHOD=none
BROWSER_ONLY=no
BOOTPROTO=none
IPADDR=192.168.0.10
```

```
PREFIX=24
DEFROUTE=yes
IPV4_FAILURE_FATAL=no
IPV6INIT=yes
IPV6_AUTOCONF=yes
IPV6_DEFROUTE=yes
IPV6_FAILURE_FATAL=no
IPV6_ADDR_GEN_MODE=stable-privacy
NAME=enp4s0static
UUID=08c3a30e-c5e2-4d7b-831f-26c3cdc29293
DEVICE=enp4s0
ONBOOT=yes
```

（2）配置动态 IP 地址。

在配置动态网络过程中，需要配置忽略由 DHCP 服务器发送的路由信息，防止网络服务使用从 DHCP 服务器接收的 DNS 服务器更新。同时配置接口使用的一个具体的 DNS 服务器，设置 PEERDNS=0，并设置具体的 DNS 地址。这样网络服务就会使用指定的 DNS 服务器更新 /etc/resolve.conf。最后需要通过配置文件为 eth1 接口配置动态 IP 地址。编辑/etc/sysconfig/network-scripts/ifcfg-eth1 文件，示例如下：

```
DEVICE=eth0
BOOTPROTO=dhcp
ONBOOT=yes
DHCP_HOSTNAME=hostname
PEERDNS=noDNS1=ip-address
DNS2=ip-address
```

9.2.2 默认网关

默认情况下，两个不同网络中的服务器是不能互相通信的，这时需要一台设备作为"关口"，负责两个网络间服务器的通信。这台负责网络间通信的设备就是网关，又称网络连接器、协议转换器。在很多情况下，路由器作为网关来负责网络间的通信。因此，通常所说的网关的 IP 地址，就是指路由器在本地网络中的 IP 地址。

一个网络有一个默认网关，但可以配置多个路由器和路由规则。当一台服务器找不到目标地址对应的路由时，数据就会被转发到默认网关。通常，默认网关是路由器的 IP 地址。openEuler 操作系统会在路由器的安装过程中自动检测网关，但如果网络中有多个网络适配器或路由器，常常需要手动更改网关配置。

配置默认网关有两种方式：可以修改网卡配置文件；也可以使用 route 命令。若使用 route 命令配置默认网关，在服务器重启后配置将失效。若需永久配置默认网关，则需修改网卡配置文件。

1. 修改网卡配置文件配置默认网关

每个网卡都有对应的配置文件，它们在/etc/sysconfig/network-scripts 目录下。

【示例 9-6】

```
#查看 eth0 的配置文件
[root@openEuler ~]# cd /etc/sysconfig/network-scripts/
```

```
[root@openEuler network-scripts]# ll
total 20K
-rw-r--r--. 1 root root 86 May 18  2020 ifcfg-eth0
-rw-r--r--. 1 root root 86 May 18  2020 ifcfg-eth1
-rw-r--r--. 1 root root 86 May 18  2020 ifcfg-eth2
-rw-r--r--. 1 root root 86 May 18  2020 ifcfg-eth3
-rw-r--r--. 1 root root 86 May 18  2020 ifcfg-eth4
[root@openEuler network-scripts]# cat ifcfg-eth0
DEVICE="eth0"
BOOTPROTO="dhcp"
ONBOOT="yes"
TYPE="Ethernet"
PERSISTENT_DHCLIENT="yes"
```

可以使用 vim 命令修改配置文件，添加默认网关。

【示例 9-7】

```
#添加默认网关192.168.0.1
[root@openEuler network-scripts]# vim ifcfg-eth0
```

修改后配置文件内容如下：

```
DEVICE="eth0"
BOOTPROTO="dhcp"
IPADDR=192.168.0.57
NETMASK=255.255.255.0
GATEWAY=192.168.0.1
ONBOOT="yes"
TYPE="Ethernet"
PERSISTENT_DHCLIENT="yes"
```

2. 使用 route 命令配置默认网关

使用如下命令查看当前默认网关信息：

```
route -n
```

使用如下命令删除当前的默认网关：

```
route delete default gw <IP 地址> <网关>
```

【示例 9-8】

```
#删除默认网关
[root@openEuler ~]# route delete default gw 10.0.2.2 eth0
```

使用如下命令设置默认网关：

```
route add default gw <IP 地址> <网关>
```

【示例 9-9】

```
#设置默认网关
[root@openEuler ~]# route add default gw 192.168.1.254 eth0
```

9.2.3　配置静态路由

9.2.2 小节介绍了什么是网关，要使两个不同网络中的服务器进行通信，除了需要网关，还需要一种能够定义数据如何从一台服务器到达另一台服务器的机制，这一机制称为路由，路由选择通过路由项进行定义。路由项中定义了目的地和网关。

假设一台 Linux 服务器所在的局域网不止一个 IP 地址段。想要多个 IP 地址段访问该服务器，需要配置静态路由，并且要永久配置静态路由，在服务器重启后也可以正常生效。

1. 使用 nmcli 配置静态路由

使用如下命令配置静态路由：

```
# nmcli connection modify <网卡> +ipv4.routes "<源 IP 地址> <网关地址> "
```

【示例 9-10】

```
[root@openEuler ~]# nmcli connection modify eth0 +ipv4.routes "192.168.122.0/24
10.10.10.1"
```

也可使用编辑器配置静态路由。

【示例 9-11】

```
[root@openEuler ~]# nmcli con edit type ethernet con-name eth0
===| nmcli interactive connection editor |===
Adding a new '802-3-ethernet' connection
nmcli> set ipv4.routes 192.168.122.0/24 10.10.10.1
nmcli>
nmcli> save persistent
Saving the connection with 'autoconnect=yes'. That might result in an immediate
activation of the connection.
Do you still want to save? [yes] yes
Connection 'enp3s0' (1464ddb4-102a-4e79-874a-0a42e15cc3c0) successfully saved.
nmcli> quit
```

2. 使用 ip 命令配置静态路由

可以使用 ip route 命令查看当前 IP 路由表。

【示例 9-12】

```
[root@openEuler ~]# ip route
default via 192.168.0.1 dev eth0 proto dhcp metric 100
169.254.169.254 via 192.168.0.254 dev eth0 proto dhcp metric 100
192.168.0.0/24 dev eth0 proto kernel scope link src 192.168.0.57 metric 100
```

使用如下命令配置静态路由：

```
ip route [ add | del | change | append | replace ] destination-address
```

【示例 9-13】

```
#在主机地址中添加一个静态路由
[root@openEuler ~]# ip route add 192.168.2.1 via 10.0.0.1 eth0
```

其中 192.168.2.1 是目标网段，10.0.0.1 为下一跳 IP 地址。

【示例 9-14】

```
#在网络中添加一个静态路由
[root@openEuler ~]# ip route add 192.168.2.0/24 via 10.0.0.1 eth0
```

其中 192.168.2.0/24 为目标网段，10.0.0.1 为下一跳 IP 地址。

9.2.4　配置 DNS 服务器

DNS 服务器可以通过命令或配置文件进行配置。

1. 通过 nmcli 配置 DNS 服务器

可以通过如下命令配置 DNS 服务器：

```
# nmcli con mod net-static ipv4.dns "*.*.*.* *.*.*.*"
```

其中 "*.*.*.*" 为 DNS 的 IP 地址。

可以通过如下命令配置 IPv6 地址的 DNS 服务器。

```
# nmcli con mod net-static ipv6.dns "2001:4860:4860::**** 2001:4860:4860::****"
```

2. 通过/etc/resolv.conf 文件修改 DNS 服务器

【示例 9-15】

```
[root@openEuler ~]# vim /etc/resolv.conf
```

/etc/resolv.conf 文件内容如下：

```
# Generated by NetworkManager
nameserver 100.125.1.250
nameserver 100.125.129.250
options single-request-reopen
```

其中 nameserver 为 DNS 服务器的 IP 地址。

除了使用 DNS 服务器可以实现域名和 IP 地址的转换，还可以使用 Linux 系统文件/etc/hosts。该文件的作用类似于 DNS 服务器，hosts 可用于覆盖 DNS 服务器的设置，或用于设置本地的域名映射。

9.2.5   配置主机名

每台计算机都有一个主机名，它使得主机与主机之间可以互相访问。主机名可以被修改。

主机名有 3 种类型。

- static：静态主机名，可由用户自行设置，并保存在/etc/hostname 文件中。
- transient：动态主机名，由内核维护，初始是静态主机名，默认值为 localhost，可由 DHCP 或 mDNS 在运行时更改。
- pretty：灵活主机名，允许主机名中包括特殊或空白字符。

> **说明**　static 和 transient 主机名只能包含 a~z、A~Z、0~9、"-"、"_" 和 "."，不能在开头或结尾处使用句点，不允许使用两个相连的标点符号，大小限制为 64 个字符。

可以通过多种方式修改主机名：使用 hostname 命令可以对主机名进行临时修改；使用 hostnamectl 命令修改主机名时，配置文件中的主机名也同时被修改，主机名将永久保留。

1. 使用 hostname 命令临时修改主机名

可以使用 hostname 命令临时修改主机名，该命令不会修改/etc/hostname 文件中的静态主机名，仅临时更改主机名。服务器重启后，会恢复旧的主机名。

命令格式：

```
sudo hostname <new-hostname>
```

【示例 9-16】

```
[root@openEuler ~]# sudo hostname openEuler
```

2. 使用 hostnamectl 命令查看和修改主机名

【示例 9-17】

```
[root@openEuler ~]# hostnamectl status
    Static hostname: openEuler
    Icon name: computer-vm
          Chassis: vm
    Machine ID: 1d6c803a58f6428fbee2d85ccf87dbd5
          Boot ID: 609b77fcf73b47be83723942285ed1ee
    Virtualization: kvm
    Operating System: openEuler 20.03 (LTS)
    Kernel: Linux 4.19.90-2003.4.0.0036.oe1.x86_64
    Architecture: x86-64
```

使用如下命令修改主机名。

【示例 9-18】

```
[root@openEuler ~]# hostnamectl set-hostname "Web Server01" -pretty
```

在远程系统中运行 hostnamectl 命令时，要使用-H、--host 选项：

```
hostnamectl set-hostname -H [username]@hostname new_hostname
```

3. 使用 nmcli 命令查看和修改主机名

使用如下命令查看静态主机名：

```
nmcli general hostname
```

使用如下命令，将静态主机名设定为 host-server。

【示例 9-19】

```
[root@openEuler ~]# nmcli general hostname host-server
```

使用如下命令重启 hostnamed 服务，使 hostnamectl 知道静态主机名的修改：

```
[root@openEuler ~]# systemctl restart systemd-hostnamed
```

4. 修改配置文件以修改主机名

通过修改/etc/hostname 文件，可以永久修改静态主机名。

【示例 9-20】

```
[root@openEuler ~]# vim /etc/hostname
[root@openEuler ~]# cat /etc/hostname
openEuler
```

9.2.6 配置网络绑定

网络绑定（Bond）是将多个物理网卡绑定成一个逻辑网卡，从而实现负载均衡、扩大带宽，并实现网络层面的高可用。

网络绑定通常可以分为 7 种模式。

- Mode=0（balance-rr）：平衡轮询策略。
- Mode=1（active-backup）：主备策略。
- Mode=2（balance-xor）：平衡策略。
- Mode=3（broadcast）：广播策略。
- Mode=4（802.3ad）：IEEE 802.3ad 动态链接聚合。

- Mode=5（balance-tlb）：适配器传输负载均衡。
- Mode=6（balance-alb）：适配器适应性负载均衡。

1. 使用 nmcli 配置网络绑定

第一步，为绑定创建一个名字：

```
[root@openEuler ~]$ nmcli con add type bond con-name mybond0 ifname mybond0 mode
active-backup
```

第二步，添加从属接口：

```
[root@openEuler ~]$ nmcli con add type bond-slave ifname enp3s0 master mybond0
```

如需添加其他丛属接口，重复上一条命令，在命令中使用新的接口：

```
 [root@openEuler ~]$ nmcli con add type bond-slave ifname enp4s0 master mybond0
 Connection 'bond-slave-enp4s0' (05e56afc-b953-41a9-b3f9-0791eb49f7d3)
successfully added.
```

第三步，启动从属接口：

```
[root@openEuler ~]$ nmcli con up bond-slave-eth0
 Connection successfully activated (D-Bus active path: /org/freedesktop/
NetworkManager/ActiveConnection/14)
 [root@openEuler ~]$ nmcli con up bond-slave-eht1
 Connection successfully activated (D-Bus active path: /org/freedesktop/
NetworkManager/ActiveConnection/15)
```

第四步，启动绑定：

```
[root@openEuler ~]$ nmcli con up mybond0
 Connection successfully activated (D-Bus active path: /org/freedesktop/
NetworkManager/ActiveConnection/16)
```

2. 使用命令行配置网络绑定

第一步，检查 bonding 内核模块是否已经安装。

系统已经默认加载了相应的模块。若要载入绑定模块，使用如下命令：

```
[root@openEuler ~]# modprobe --first-time bonding
```

使用如下命令，显示 bonding 模块的信息：

```
[root@openEuler ~]# modinfo bonding
```

第二步，创建频道绑定接口。

在/etc/sysconfig/network-scripts/目录下创建名为 ifcfg-bondN 的文件（N 为接口号码）。根据需要绑定的接口类型来编写相应的配置文件，例如要绑定网络接口，配置文件示例如下：

```
DEVICE=bond0
NAME=bond0
TYPE=Bond
BONDING_MASTER=yes
IPADDR=192.168.1.1
PREFIX=24
ONBOOT=yes
BOOTPROTO=none
BONDING_OPTS="bonding parameters separated by spaces"
```

第三步，创建从属接口。

创建频道绑定接口后，需在从属接口的配置文件中添加 MASTER 和 SLAVE 指令。例如将两个网络接口 eth0 和 eth1 以频道方式绑定，配置文件示例如下：

```
TYPE=Ethernet
NAME=bond-slave-eth0
UUID=3b7601d1-b373-4fdf-a996-9d267d1cac40
DEVICE=eth0
ONBOOT=yes
MASTER=bond0
SLAVE=yes
TYPE=Ethernet
NAME=bond-slave-eth1
UUID=00f0482c-824f-478f-9479-abf947f01c4a
DEVICE=eth1
ONBOOT=yes
MASTER=bond0
SLAVE=yes
```

第四步,激活频道绑定。

要激活频道绑定,需启动所有从属接口。若接口处于 up 状态,先使用 ifdown eth0 命令修改接口状态为 down。

```
[root@openEuler ~]# ifup enp3s0
Connection successfully activated (D-Bus active path: /org/freedesktop/
NetworkManager/ActiveConnection/7)
```

第五步,启动接口之后,需让 NetworkManager 知道系统所做的修改,在每次修改后,运行以下命令:

```
[root@openEuler ~]# nmcli con load /etc/sysconfig/network-scripts/ifcfg-device
```

可使用如下命令查看绑定接口的状态:

```
[root@openEuler ~]# ip link show
1: lo: <LOOPBACK,UP,LOWER_UP> mtu 65536 qdisc noqueue state UNKNOWN mode DEFAULT
group default qlen 1000 link/loopback 00:00:00:00:00:00 brd 00:00:00:00:00:00
2: enp3s0: <BROADCAST,MULTICAST,UP,LOWER_UP> mtu 1500 qdisc fq_codel state UP mode
DEFAULT group default qlen 1000 link/ether 52:54:00:aa:ad:4a brd ff:ff:ff:ff:ff:ff
3: enp4s0: <BROADCAST,MULTICAST,UP,LOWER_UP> mtu 1500 qdisc fq_codel state UP mode
DEFAULT group default qlen 1000 link/ether 52:54:00:aa:da:e2 brd ff:ff:ff:ff:ff:ff
4: virbr0: <NO-CARRIER,BROADCAST,MULTICAST,UP> mtu 1500 qdisc noqueue state DOWN mode
DEFAULT group default qlen 1000 link/ether 86:a1:10:fb:ef:07 brd ff:ff:ff:ff:ff:ff
5: virbr0-nic: <BROADCAST,MULTICAST> mtu 1500 qdisc fq_codel master virbr0 state DOWN
mode DEFAULT group default qlen 1000 link/ether 52:54:00:29:35:4c brd ff:ff:ff:ff:ff:ff
```

系统会为每个绑定创建一个频道绑定接口,配置文件中包含 BONGDING_OPTS 指令。这种配置可以让多个绑定设备使用不同的配置。按照如下操作可以创建多个频道绑定接口。

(1)创建多个 ifcfg-bondN 文件,这些文件中包含 BONGDING_OPTS 命令,让网络脚本根据需要创建绑定接口。

(2)创建或编辑要绑定的现有接口的配置文件,添加 SLAVE 命令。

(3)使用 MASTER 命令在频道绑定接口中分配要绑定的接口,即从属接口。

示例如下:

```
DEVICE=bon
dN
NAME=bondN
TYPE=Bond
BONDING_MASTER=yes
IPADDR=192.168.1.1
```

```
PREFIX=24
ONBOOT=yes
BOOTPROTO=none
BONDING_OPTS="bonding parameters separated by spaces"
```

9.3 本章练习

1. 使用 ifconfig 和 ip address 命令查看网络连接状态及参数。

2. 使用 ifconfig 命令，临时调整 IP 地址。

3. 通过修改/etc/sysconfig/network-scripts/ifcfg-eth0 文件的方式永久修改 IP 地址配置。

4. 使用 hostnamectl status 命令查看系统主机名，并使用 hostnamectl set-hostname NEW-NAME 命令修改主机名。

5. 通过修改/etc/resolv.conf 文件添加 DNS 服务器地址。

第10章
虚拟化技术

学习目标

- 掌握虚拟化技术的演进过程。
- 掌握常见的虚拟化分类方法。
- 掌握典型的虚拟化解决方案的实现原理。
- 掌握虚拟机的安装和管理操作。

10.1 虚拟化技术简介

进入 21 世纪，计算机领域的最大的创新之一就是"云计算"。虚拟化技术是云计算的技术基础。虚拟化技术的核心思想是通过软件策略，将一台物理计算机虚拟为多台逻辑计算机。每台逻辑计算机上可独立运行不同的操作系统，并且应用程序可以在相互独立的空间内运行而互不影响，从而显著提高计算机的工作效率。

10.1.1 虚拟化简介

在 20 世纪 60 年代前后，虚拟化技术就已经被使用在 IBM 大型机中。它通过引入一种叫作虚拟机监视器（Virtual Machine Monitor，VMM）的软件，实现了在大型物理机硬件之上划分出多个独立的计算资源实例，并分别安装不同的操作系统。但受限于当时普通计算机硬件的算力，虚拟化技术大范围推广的条件并不成熟，只使用在了 IBM 大型机等少数场景中。进入 21 世纪，随着芯片制作工艺的提升，以及多核技术、集群计算技术的引入，计算机的计算能力有了很大的提升，由一个操作系统管理一套计算资源的传统业务部署模式不能完全发挥计算资源的全部算力，因此虚拟化技术又重新回到公众的视野。

2001 年，VMware 推出了第一代商用的服务器虚拟化解决方案 VMware ESX（新方案名为 VMware ESXi）。2003 年 9 月，剑桥大学开源了 Xen 1.0 虚拟化解决方案，Xen 虚拟化解决方案最初是剑桥大学 XenSource 的一个开源研究项目，2007 年 XenSource 被 Citrix 公司收购，2013 年 4 月，Xen 虚拟化解决方案加入 Linux 基金会。2014 年 3 月 11 日，Xen 发布 4.4 版本，其能更好地支持 ARM 架构。

2006 年，Qumranet 公司首次公布了 KVM 虚拟化解决方案，并在次年 2 月将其融入 Linux 2.6.20 内核中，成为 Linux 内核源码的一部分。2008 年红帽公司收购了 Qumranet 公司，并在 RHEL6 之后的版本中使用 KVM 作为虚拟化内核。早期的 KVM 虚拟化仅支持使用在 Intel VT 系列或 AMD-V 系列的 x86 平台上。从 Linux 内核 3.9 版本开始，其加入了对 ARM 架构的支持。由于 KVM 项目是 Linux 开源社区的一部分，因此它能直接复用 Linux 开源社区的每一项功能，这是 KVM 虚拟化得到快速推广的最主要原因之一。

随着 Xen、KVM 等开源虚拟化解决方案的发布，越来越多的企业加入了虚拟化技术的领域，并基于开源方案推出了不同的商用虚拟化解决方案，例如，华为基于 Xen 推出了计算节点代理（Computing Node Agent，CNA）虚拟化解决方案，极大地促进了虚拟化技术的发展与生态的繁荣。

图 10-1 给出了传统计算机架构和虚拟化架构之间的对比。在传统的计算机架构中，一套硬件设备（包含 CPU、网卡、存储设备、主板等）由一个操作系统统一管理，个人计算机、数据中心的小型服务器等都使用这种架构。自 1970 年大规模和超大规模集成电路计算机问世以来，传统计算机架构已经逐渐趋于成熟，能够提供稳定可靠的计算机运行环境。但是随着计算机技术的不断发展，计算机芯片基本按照"摩尔定律"在高速地发展，传统架构容易造成资源浪费的问题。例如，一台普通个人计算机中的 CPU 价格为 1500 元，假设一天使用个人计算机 8h，CPU 工作时平均使用率为 30%，那么不难得出在个人计算机的整个生命周期中，用户实际有效使用的 CPU 价值=1500 元$\times\dfrac{8h}{24h}\times30\%$= 150 元。换言之，用户浪费了 90% 的 CPU 价值。除 CPU 之外，个人计算机的存储资源、网络资源、显卡资源等都有极大的浪费。

虚拟化技术提升资源利用率的基本思路是，打破传统计算机架构下操作系统和硬件系统之间的强绑定关系，使得一套硬件系统之上可以安装多个操作系统，达到多操作系统共享底层各种实体资源，且各个操作系统之间相互隔离的目的。换言之，虚拟化是一种资源管理技术，它将计算机的各种实体资源（CPU、内存、磁盘、网络适配器等）予以抽象转换后，对外呈现出一个或多个计算机配置环境。这种资源管理技术突破了实体结构不可分割的障碍，使实体资源在虚拟化后不受现有资源的架设方式、地域或物理配置限制，从而让用户可以更好地使用计算机硬件资源，提高资源利用率。

如图 10-1 所示，在虚拟化模式下，底层物理主机（业界通常称为宿主机，Host Machine，HM）被虚拟化管理程序（VMM）直接管理，并由虚拟化管理程序将宿主机的计算资源抽象成不同的资源模块（业界通常称为客户机或虚拟机，Virtual Machine，VM）。一台宿主机上可以运行多台虚拟机，虚拟机共享宿主机的 CPU、内存、I/O 资源等，但逻辑上虚拟机之间是互相隔离的。虚拟机内部运行的操作系统称为客户机操作系统（Guest OS）。用户可以像使用传统计算机架构下的操作系统一样，登录虚拟机操作系统，做系统配置、软件安装等操作。

VMM 是保障整个虚拟化系统稳定工作的关键。它对下层直接调度宿主机的物理资源，包括 CPU、内存、磁盘和网卡等，并把这些实体计算机的物理资源抽象成逻辑资源；对上层抽象出来的逻辑资源，以虚拟机为单位分割成不同的资源模块，并模拟出物理计算机的资源架构，供上层虚拟机操作系统使用。

VMM 的主要作用就是高效调度和管理宿主机的各种物理资源来满足上层虚拟机对资源的不同需求。在业界，虚拟化并不指代某项具体的技术，也没有唯一的定义。在不特指的情况下，本书所讲解的虚拟化技术是 VMM 层对宿主机物理计算资源的调度和对虚拟机的管理技术。

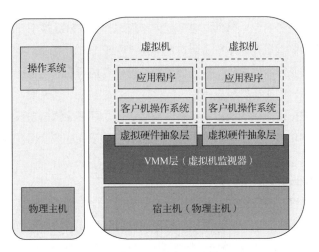

图 10-1　传统计算机架构和虚拟化架构

10.1.2　虚拟化特点

随着虚拟化技术的广泛使用，业界普遍接受虚拟化技术的分区、隔离、封装、硬件无关的特性。

分区特性主要是指虚拟化技术可以实现对一台物理机进行逻辑分割，并且能够实现在一台物理机上运行多台不同规格的虚拟机。隔离特性指虚拟化技术能够模拟出硬件环境，为虚拟机运行完整操作系统提供硬件条件，不同虚拟机实例上运行的操作系统之间是独立的、互相隔离的。例如，一台虚拟机上运行的操作系统由于故障崩溃，但不会影响其他虚拟机上运行的操作系统和应用程序。封装特性是指计算资源以虚拟机为粒度进行灵活封装，虚拟机创建之后，可对虚拟机的配置大小进行调整。基于良好的封装特性能够较容易地实现虚拟机的热迁移、快照、克隆等功能，实现数据中心的快速部署和自动化运维。硬件无关特性指经过虚拟化层的抽象后，虚拟机与底层的硬件之间没有直接的绑定关系，用户对虚拟机进行打包之后，可以在其他服务器上不加修改地创建新的虚拟机。

10.1.3　虚拟化的分类

早在 1974 年，杰拉尔德·J·波佩克（Gerald J.Popek）和罗伯特·P·戈德堡（Robert P.Goldberg）在论文 *Formal Requirements for Virtualizable Third Generation Architectures* 中首次提出了虚拟化的三

大准则。如下所示，所有符合这些条件的控制程序都可以称为 VMM 或 Hypervisor。

（1）控制程序可以管理所有的系统资源，包括但不限于 CPU、内存、网卡、磁盘等。

（2）除了时序和资源可用性之外，控制程序对所管理的运行程序（包括操作系统）是透明的，并且可以正确处理虚拟机中执行的特权指令。

（3）绝大多数的虚拟机指令应该由主机硬件直接执行，而不需要控制程序的参与。

为了实现 VMM 的功能，业界有很多种虚拟化方法。从不同的角度出发，可以将虚拟化分为不同的类。

1. 按照虚拟化实现过程的不同分类

按照虚拟化实现过程，业界通常将虚拟化分为全虚拟化、半虚拟化和硬件辅助虚拟化。

在全虚拟化解决方案中，VMM 为虚拟机模拟出硬件环境，接收虚拟机的硬件请求，并转发到物理硬件上。全虚拟化实现的主要策略是将虚拟机的每一条指令解码为对应的执行函数，它们由 VMM 负责执行；指令执行的结果通过 VMM 反馈给虚拟机。整个过程可以通过纯软件模拟的方式实现，代表性的方案有快速模拟器（Quick Emulator，QEMU）。该方案通常有较好的兼容性，但该方案的实现与计算架构强相关，技术实现复杂，系统开销较大。

与全虚拟化解决方案不同的是，半虚拟化解决方案通过修改虚拟机操作系统，并在其中加入虚拟化指令，使得虚拟机操作系统可以请求 VMM 帮助访问硬件。使用半虚拟化解决方案，虚拟机操作系统能够识别到自己运行在虚拟化环境中。典型的半虚拟化方案有 Xen。半虚拟化解决方案的实现对系统的开销小，性能也较好，但是它需要修改虚拟机操作系统。

较新的硬件辅助虚拟化解决方案，在处理器计算架构中增加了 Root Mode（特权模式）来解决 CPU 指令冲突的问题，并借助 CPU 中的虚拟化模块来实现对特权模式的调度，避免了修改虚拟机操作系统，虚拟化性能优异。典型硬件辅助虚拟化方案有 KVM。该方案的优点是无须修改虚拟机操作系统，兼容性好，但是硬件辅助虚拟化方案的实现需要使用专有 CPU 芯片，比如 Intel VT-x 系列处理器、AMD-V 系列处理器等。

2. 按照 VMM 实现结构的不同分类

按照 VMM 实现结构，可以将虚拟化分为裸金属虚拟化和宿主机虚拟化。

在裸金属虚拟化（Hypervisor 虚拟化）模型中，VMM 被看作一个完备的操作系统，还具备虚拟化功能。VMM 直接管理所有的物理资源，包括处理器、内存和输入输出设备等。常见的方案有 KVM。

在宿主机虚拟化模型中，物理资源是由宿主机操作系统管理的，宿主机操作系统是传统的操作系统，如 Linux、Windows 等。宿主机操作系统不提供虚拟化功能，提供虚拟化功能的 VMM 作为系统的一个驱动或者软件运行在宿主机操作系统上。VMM 通过调用 Host OS 的服务获得资源，实现处理器、内存和输入输出设备的模拟。Virtual Box 就是典型的宿主机虚拟化方案。

3. 按照虚拟化对象的不同分类

按照虚拟化对象，虚拟化可以分为 CPU 虚拟化、内存虚拟化、输入输出虚拟化。

CPU 虚拟化的目标是做好 CPU 的共享管理，使虚拟机上的指令能被正常执行，且效率接近物理机。

内存虚拟化的目标是做好虚拟机内存空间之间的隔离，使每个虚拟机都认为自己拥有了整个内存地址，且内存管理效率也能接近物理机。

输入输出虚拟化的目标是不仅让虚拟机访问到所需要的输入输出资源，而且要做好它们之间的隔离工作，更重要的是减少虚拟化所带来的开销。

 注意　从不同的维度出发，还可以给出多种虚拟化分类方法，这里就不再详述。学习虚拟化时不建议过分关注虚拟化的分类，只需了解典型的虚拟化解决方案即可，例如 KVM、Xen。

10.1.4　ARM 架构支持的主流虚拟化技术

openEuler 提供了支持 AArch64 架构和 x86_64 架构处理器的虚拟化解决方案。VHE（Virtualization Host Extensions，虚拟化主机扩展）、QEMU、KVM 和 Libvirt 等技术相互配合，共同组成了 openEuler 虚拟化的解决方案。接下来将对这四种虚拟化解决方案展开讲解。

1. VHE

在不修改虚拟机操作系统的情况下，ARM 在 v8 版本中通过引入 VHE 技术实现了高效运行虚拟机，打破了早期 ARM 体系结构无法实现虚拟化的限制。

操作系统通常使用特权级别（Privilege Level 或者 Exception Level）来限制用户对受保护资源的调用，包括内存、输入输出端口和执行某些机器指令。最高权限的指令具备直接调用底层资源的权限。在虚拟化方案中，VMM 需要具备最高的特权级别来控制宿主机的所有资源。然而，虚拟机操作系统并不能识别 VMM 的存在，虚拟机操作系统有一套完善的指令级别划分。如果不对 VMM 和虚拟机的操作系统指令级别做统一的管理，就必然会造成 VMM 指令级别与虚拟机操作系统指令级别的冲突。

为避免虚拟机操作系统与 VMM 之间特权指令级别的冲突，ARM 在已有的 CPU 用户特权级别（EL0）和内核特权级别（EL1）的基础上，增加了 Hypervisor 特权级别（EL2）。AArch64 对应的特权级别视图如图 10-2 所示。

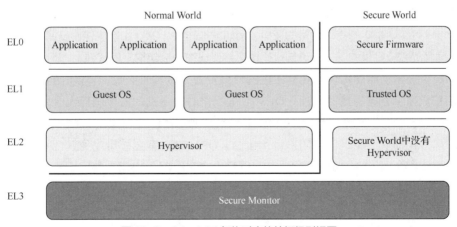

图 10-2　AArch64 架构对应的特权级别视图

- EL0：用户态程序的运行级别，虚拟机操作系统（Guest OS）内部的 Application（应用程序）也运行在这个级别。
- EL1：内核的运行级别，Guest OS 的内核也运行在这个级别。
- EL2：Hypervisor 的运行级别，Guest OS 在运行的过程中，触发特权指令后会跳转到 EL2 级别，并将控制权交给 Hypervisor。
- EL3：Monitor Mode（监控模式），CPU 在 Secure World（安全模式）和 Normal World（正常模式）直接切换的时候会先跳转到 EL3 级别，然后发生 World（模式）切换。

VMM 运行在 EL2 级别，可以直接调用物理资源来满足上层虚拟机的使用需求，保证上层虚拟机使用相同的接口与宿主机交互，实现上层虚拟机之间的隔离，以及虚拟机与其他系统资源之间的隔离，防止虚拟机获得对宿主机硬件的完全访问权限。

通常情况下，虚拟机指令运行在 EL0 和 EL1 级别，无法直接访问底层硬件。当满足一些特殊触发条件之后，运行的指令会跳转到 EL2 级别使硬件受 VMM 控制，此时 VMM 能够直接控制虚拟机使用底层硬件资源。当在 EL2 级别中禁用所有虚拟化功能时，运行在 EL1 和 EL0 级别的程序能够像使用正常操作系统一样直接使用底层硬件资源，并且运行在 EL1 级别的程序能够完全访问硬件。

如图 10-2 所示，通常应用程序和 VMM 都运行在 Normal World，EL3 的主要作用是管理 Normal World 和 Secure World 之间的切换。Secure World 是 ARM 架构特有的属性，其作用是在不增加硬件成本的情况下，为设备提供一个可信执行环境，普通用户可不用关注。

VHE 是 ARM v8 架构实现虚拟化的技术基础，它为 QEMU、KVM、Xen 等虚拟机化技术在 ARM v8 架构上的实现打下了基础。

2. QEMU

QEMU 是一种通用的开源计算机仿真器和虚拟机。当 QEMU 用作仿真器时，可以用在单个平台上实现异构架构操作系统的部署，例如，可以在个人计算机（x86 架构）上部署 ARM 版本的 openEuler 操作系统。

当用作虚拟机时，QEMU 通过纯软件的方式来模拟底层硬件资源，并为运行在 QEMU 上的虚拟机提供统一的接口，虚拟机操作系统可以不做任何修改直接运行在 QEMU 之上。QEMU 原创的动态翻译技术可实现基本的物理设备的模拟，例如虚拟磁盘、CPU 和输入输出设备等。动态翻译技术可将已编译成虚拟机架构下的二进制代码动态翻译成物理机架构下的代码。

QEMU 虚拟化的实现需要消耗宿主机的计算资源来做实时的数据转换，随着上层虚拟机数量的增加和虚拟机业务负载的增加，QEMU 虚拟化对宿主机的资源消耗也会增加。在大型数据中心的建设当中，很少直接使用 QEMU 方案来实现对资源的虚拟化。但由于 QEMU 方案具有完整的虚拟化模块、调试器和用户调用接口，QEMU 方案会被集成到其他的虚拟化解决方案中，例如，KVM 和 VHE 都会融合 QEMU 解决方案的部分功能，共同组成更高效的虚拟化解决方案。

3. KVM

KVM 是 Linux 操作系统中的一个内核模块，借助该模块，Linux 成为一个 VMM 软件层。KVM 架构如图 10-3 所示。

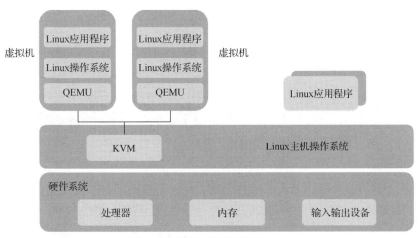

图 10-3　KVM 架构

作为 Linux 操作系统中的一个内核模块，KVM 不能模拟任何硬件设备，它的主要作用是为硬件提供虚拟化功能。

KVM 运行在内核态，可以基于 Linux 内核本身的功能，实现 CPU 和内存的虚拟化，但是不能模拟任何输入输出设备。所以，KVM 还必须借助其他技术模拟出虚拟机所需的输入输出设备（网卡、显卡、磁盘等），而上文提到的 QEMU 便是一种适合的技术。QEMU 作为运行在用户态的一个应用程序，为 VMM 提供输入输出虚拟化功能。目前，KVM 加 QEMU 的组合已经成为主流的 VMM 实现方式之一，openEuler 也支持以这种方式提供虚拟化功能。在 KVM 虚拟化方案的运行过程中，KVM 内核模块运行在 EL1 级别，提供输入输出功能的 QEMU 方案运行在 EL2 级别。

因此，在一个完整的 KVM 虚拟化解决方案中，包含 KVM 模块的 Linux 操作系统和处于用户态的 QEMU，两者共同组成高效的虚拟化解决方案。

> **注意**　KVM 有很多层含义，它可以是解决方案名称，也可以是 Linux 操作系统中的内核模块。

4. Libvirt

从字面意思来看，Libvirt 是 Library（库）和 virtualization（虚拟化）两个单词的组合。Libvirt 是面向虚拟机设计的一套开源管理工具和 API，用来管理虚拟化平台，支持虚拟机的创建、启动、暂停、关闭、迁移、销毁，以及支持对虚拟机设备（如磁盘、CPU、网卡、内存等）的热插拔。

Libvirt 提供了基于高级消息队列协议的消息系统，用于管理系统中宿主机与虚拟机、虚拟机与虚拟机之间的消息通信，为远程管理虚拟机提供了加密和认证等安全措施。尽管 Libvirt 项目最初是为 Xen 设计的一套 API，但是目前它对 KVM 等其他 VMM 的支持也非常好。

Libvirt 作为中间适配层，屏蔽了底层各种 Hypervisor 的细节，为上层管理工具提供了一个统一的、较稳定的 API，让底层 Hypervisor 对上层用户空间的管理工具可以做到完全透明。Libvirt 可以应用于 KVM、Xen、VMware ESX、QEMU 等虚拟化技术，在 OpenStack Nova 中，默认采用 Libvirt 对不同类型的虚拟机（OpenStack 默认为 KVM）进行管理。通过 Libvirt，一些用户空间管理工具可以管理各种不同的 Hypervisor 和上面运行的虚拟机，它们之间基本的交互框架如图 10-4 所示。

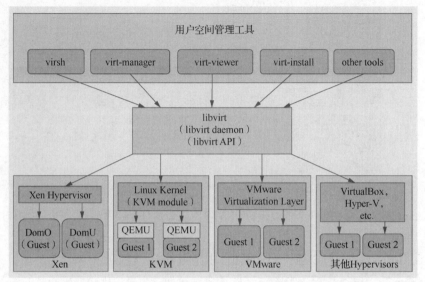

图 10-4　用户空间管理工具与 Hypervisor 及虚拟机的基本交互框架

10.1.5　虚拟化关键技术

无论是哪种类型的 VMM，都有 3 个基本功能：CPU 虚拟化、内存虚拟化和输入输出虚拟化。VMM 通过实现这 3 个功能向虚拟机操作系统提供相互独立的虚拟硬件环境，从而实现将有限的硬件资源复用，提供给多台虚拟机使用，且确保各虚拟机之间相互隔离、互不影响。

1. CPU 虚拟化

CPU 虚拟化技术是指实现多个虚拟机共享有限的物理 CPU 的技术。任何 CPU 虚拟化技术都需要解决两个问题：多虚拟机共享 CPU 和模拟 CPU 指令（所有敏感指令）。

为了保证 VMM 对物理 CPU 的控制，并使得虚拟机产生独享 CPU 的"错觉"，VMM 不允许虚拟机直接控制物理 CPU，而是为其虚拟出与物理 CPU 同质的虚拟 CPU（称为 vCPU）。

物理 CPU 和 vCPU 数量对应关系如图 10-5 所示。

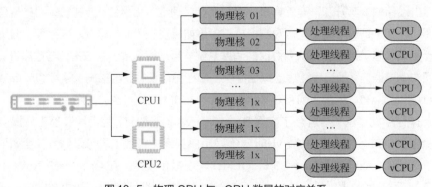

图 10-5　物理 CPU 与 vCPU 数量的对应关系

例如一个服务器有两个物理 CPU，每个 CPU 有 8 个物理内核（PHY），又因为超线程技术可以为每个物理内核提供两个 Super Thread（处理线程），因此每个 CPU 有 16 个线程，这也是单个 CPU 可以提供的总 vCPU 数量。一个服务器能够对外提供的 vCPU 个数是一定的，使用 CPU 复用技术，也可以使得单个服务器上的虚拟机 vCPU 总数超过服务器实际可以提供的物理 CPU 总数。为了避免因为 CPU 复用而造成的 CPU 资源抢占，就需要使用一系列的 CPU 调度策略，如下所示。

- 资源上限限制：限制单个虚拟机可获得 CPU 资源的上限。
- 资源下限预留：为某些关键应用虚拟机的 vCPU 预留物理 CPU 资源，预留的 CPU 资源不会被其他虚拟机复用。
- 资源份额分配：为每个虚拟机设置份额值，当出现资源抢占时，各个虚拟机按照份额值获取定量的计算资源，实现资源的有序竞争。

各种 CPU 调度策略共同作用，从而实现 CPU 资源的高效有序利用。

在解决引入虚拟化技术导致的指令冲突的问题时，x86 架构的处理器和 ARM 架构的处理器使用了不同的方法。鲲鹏平台是基于 ARM v8 架构实现的。

在 x86 平台上，操作系统在最初设计时默认是运行在非虚拟化环境中的，操作系统默认具有对全部硬件的所有操作权限。为了让运行在 x86 平台上的不同指令之间能够友好地运行且不产生冲突，x86 架构提供 4 个特权级别给操作系统和应用程序来受限地访问底层硬件。Ring 是指 CPU 的运行级别，Ring 0 级别最高，Ring 1 次之，Ring 2 更次之，Ring 3 级别的特权级别最低，如图 10-6（1）所示。

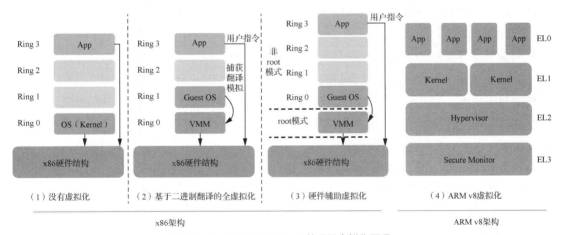

图 10-6　x86 及 ARM v8 处理器虚拟化原理

操作系统（内核）需要直接访问和控制硬件资源，因此操作系统内核代码运行在 Ring 0 级别，它可以使用特权指令控制中断、修改页表、访问设备等。

应用程序代码运行在 Ring 3 级别，运行在 Ring 3 级别的代码默认没有做受控操作的权限，如果要做受控操作，例如，访问磁盘、写文件，就需要通过执行系统调用（函数）来实现。在执行系统调用时，CPU 的运行级别会发生从 Ring 3 到 Ring 0 的切换，并跳转到对应的内核代码来执行，这样内核就帮助应用程序完成了一次硬件访问操作，执行完成之后应用程序的特权级别就从 Ring 0 返回到 Ring 3 级别。这个过程称为内核态和用户态的转换。

在使用虚拟化技术之后，因为宿主机操作系统拥有最高的特权级别，需要运行在 Ring 0 级别。而虚拟机操作系统也具有完整的 Ring 0 到 Ring 3 的特权级别划分，并且宿主操作机系统对虚拟机操作系统是不可见的，因此如果不对权限进行重新规范，虚拟机操作系统和宿主机操作系统的特权级别就会产生冲突，系统就会出错。此时，VMM 就需要对其管理的客户机操作系统的访问权限进行限制。

图 10-6（2）所示的全虚拟化解决方案中，用户应用程序运行在 Ring 3 级别，虚拟机操作系统 Guest OS 运行在 Ring 1 级别，VMM 运行在 Ring 0 级别，Guest OS 发出的所有指令由 VMM 捕获之后，通过动态翻译技术实时翻译转换，从而避免了指令冲突。

图 10-6（3）所示的硬件辅助虚拟化方案中，芯片制造厂商在 CPU 中加入 root 模式和非 root 模式，VMM 运行在 root 模式，Guest OS 运行在非 root 模式，每种模式都有 Ring 0 到 Ring 3 这 4 个级别。这种虚拟化的核心思想是引入新的指令和运行模式，使 VMM 和 Guest OS 分别运行在不同模式，即 root 模式和非 root 模式下。以 KVM 虚拟化为例，VMM 中的内核运行于 root 模式中的 Ring0 级别，VMM 中用户态程序（比如 Qemu-kvm）运行于 root 模式中的 Ring 3 级别。Guest OS 的内核运行在非 root 模式的 Ring 0 特权级别下，Guest OS 中的用户态程序运行于非 root 模式中的 Ring 3 级别。通常情况下，Guest OS 的指令可以直接传递到计算机系统硬件并执行，而不需要经过 VMM 干预。当 Guest OS 执行到特殊指令的时候，系统会切换到 VMM，让 VMM 来处理特殊指令。CPU 在两种模式之间的切换称为虚拟机扩展（Virtual Machine Extension，VMX）操作。从 root 模式进入非 root 模式，称为 VM Entry，从非 root 模式进入 root 模式，称为 VM Exit。由此可见，CPU 受控制地在两种模式之间切换，轮流执行 VMM 代码和 Guest OS 代码，KVM 虚拟机代码是受 VMM 控制直接运行在物理 CPU 上的。

ARM 平台对虚拟化的实现与 x86 平台的略有不同。ARM v8 中首次引入了 EL 的策略。

如图 10-6（4）所示，ARM v8 架构的异常模型包含 4 个 EL，分别是 EL0、EL1、EL2、EL3。在这些 EL 级别中，EL0 的级别最低，EL3 的级别最高。运行在更高 EL 的程序对硬件的控制权限、寄存器的访问权限以及指令的执行权限也越高。应用程序运行在 EL0，因此，EL0 也被称为用户模式。虚拟机操作系统内核则运行在 EL1，因此，EL1 也被称为内核模式。VMM 程序通常运行在 EL2，而底层控件和安全管理程序则运行在 EL3。

一般来说，位于不同层级的软件通常运行在某个特定的 EL。但是，也有例外。例如，基于内核的 VMM 软件 KVM 会跨 EL 运行。在 KVM 中，大部分代码运行在 EL1，而捕获虚拟机异常、退出等状态的代码运行在 EL2。

2. 内存虚拟化

内存是计算机系统的重要组成部分，主要负责暂时存放 CPU 的运算数据，以及磁盘等外部设备的交换数据。每个操作系统都需要一个独立内存地址空间。早期的操作系统只有物理地址且空间有限，进程使用内存时必须小心翼翼以避免覆盖其他进程的内存。为了避免此问题，虚拟内存的概念被抽象出来，保证每个进程都有一块连续的、独立的虚拟内存空间。如图 10-7 所示，进程直接通过虚拟地址（Virtual Address，VA）使用内存，CPU 访存时发出的 VA 由硬件内存管理单元（Memory Management Unit，MMU）拦截并转换为物理地址（Physical Address，PA），VA 到 PA 的映射使用页表进行管理，MMU 在转换时会自动查询页表。

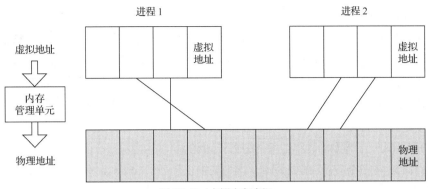

图 10-7　虚拟内存空间

当在一个宿主机上创建多个虚拟机之后，每个虚拟机都认为自己占有整个物理地址空间。因此，与虚拟内存的概念类似，内存虚拟化需要对内存再做一次抽象，保证每个虚拟机都有独立的地址空间。如图 10-8 所示，虚拟机和物理机中均有 VA 和 PA 的概念，即 GVA（Guest Virtual Address，客户机虚拟地址）和 GPA（Guest Physical Address，客户机物理地址），以及 HVA（Host Virtual Address，宿主机虚拟地址）和 HPA（Host Physical Address，宿主机物理地址）。虚拟机中的进程访问宿主机物理内存的过程，就是虚拟机内进程使用的 GVA 与 HPA 建立映射关系的过程。两个 VA 到 PA（GVA 到 GPA 以及 HVA 到 HPA）的映射同样使用页表管理，GPA 到 HVA 一般是几段连续的线性映射，由虚拟机的管理程序 VMM 进行管理。

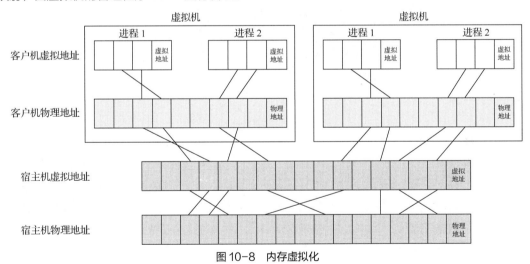

图 10-8　内存虚拟化

基于 ARM 处理器的内存虚拟化技术和 x86 处理器上的方案是类似的，都采用两阶段地址翻译实现 GPA 到 HPA 的地址的转换。

> **说明**　以上介绍的内存地址转换需要经过两个步骤，也可以使用影子页表技术，实现客户机虚拟地址到宿主机物理地址的直接转换，通过减少转换的步骤提升效率。Intel 的 CPU 还提供了 EPT（Extended Page Tables，扩展页表）技术，直接在硬件上支持 GVA 到 GPA 到 HVA 到 HPA 的地址转换，从而降低内存虚拟化实现的复杂度，也进一步提升内存虚拟化的性能。

3. 输入输出虚拟化

VMM 通过输入输出虚拟化来复用有限的外部设备资源，其通过截获 Guest OS 对输入输出设备的访问请求，然后通过软件模拟真实的硬件，使得多个 Guest OS 可以复用有限的外部设备资源。设备虚拟化（输入输出虚拟化）的过程，就是截获 Guest OS 对输入输出端口和寄存器的访问，通过软件的方式来模拟设备访问的行为。常见的输入输出虚拟化包括对网络、磁盘、显卡等外部设备的虚拟化。

图 10-9 所示是一个典型的网络虚拟化的例子。虚拟机使用虚拟网卡连接到虚拟交换端口，再通过虚拟交换机的上行链路连接到物理网卡。虚拟交换机是为了方便对数据转发流程进行管理而抽象出来的一个逻辑概念，真实的数据转发工作是由 VMM 实现的。在对经过虚拟交换机的数据流进行分析时，可以完全参照国际标准化组织（International Organization for Standardization，ISO）制定的 7 层网络模型进行分析。

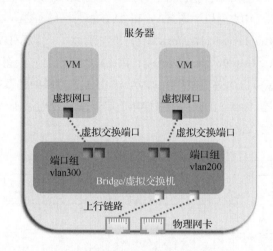

图 10-9　网络虚拟化

网桥（Bridge）和 Open vSwitch（开放虚拟交换机）是两个典型的虚拟交换机实现方法。

网桥是一种连接两个或两个以上以太网区段的设备，运行在物理网络层，具有在设备之间转发报文的功能。普通的网络设备就像一个管道，只有两个端口，数据从一端进，从另一端出。而网桥有多个端口，数据可以从多个端口进，从多个端口出。网桥的这个特性让它可以接入其他的网络设备，比如物理设备、虚拟设备、VLAN 设备等。网桥通常充当主设备，其他设备为从设备，这样的效果就等同于物理交换机的端口连接了一根网线。Open vSwitch 遵循开源 Apache 2.0 许可协议，旨在通过编程扩展实现大规模网络自动化配置、管理、维护。

与 Open vSwitch 相比，Linux 网桥运行在 Linux 内核中，数据通过 MAC 地址匹配实现简单的转发功能，整个过程报文不会离开内核。Open vSwitch 需要匹配流表规则，兼具内核态和用户态。一般情况下，一个数据流的第一个报文会发向 ovs-vswitchd（运行在用户空间的 Open vSwitch 守护进程，是 Open vSwitch 最核心的组件之一），后续报文会直接利用内核中的流表缓存进行处理。

10.2 虚拟化管理

openEuler 操作系统支持业界主流的 KVM 和 QEMU 等虚拟化技术。本节主要介绍如何在 openEuler 操作系统中部署 KVM 虚拟化解决方案。

10.2.1 虚拟化环境安装

1. 最低硬件要求

支撑开启虚拟化功能的 openEuler 对资源有一定要求，在 openEuler 系统中安装虚拟化组件，最低硬件要求如表 10-1 所示。

表 10-1 openEuler 安装虚拟化组件最低硬件要求

处理器架构	处理器版本	CPU	内存	磁盘空间
AArch64	ARM v8 以上并且支持虚拟化扩展	2 核	4GB	16GB
x86_64	支持 VT-x	2 核	4GB	16GB

注意 物理机对 openEuler 虚拟化功能的支持最好。读者可以在个人计算机中安装嵌套虚拟化解决方案，例如，VMware 或者 VirtualBox，以创建虚拟机，并在虚拟机上安装 openEuler 操作系统做 openEuler 的虚拟化功能练习，但是虚拟机热迁移等操作可能无法完成。

2. 安装虚拟化核心组件

下面主要介绍如何在 openEuler 操作系统中部署 KVM 虚拟化解决方案。从前面我们得知，部署 KVM 虚拟化解决方案需要部署 QEMU、Libvirt 和 KVM 组件。KVM 是 openEuler 内核模块的一部分，只要确保 openEuler 能够调用它即可，因此不需要单独安装，而 QEMU 和 Libvirt 需要手动安装。具体流程如图 10-10 所示。

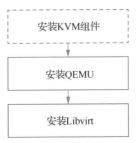

图 10-10 部署 KVM 虚拟化解决方案流程

（1）验证 openEuler 是否支持 KVM 虚拟化。

可通过查看 openEuler 内核是否支持 KVM 虚拟化，即查看/dev/kvm 和/sys/module/kvm 文件是否存在，验证 openEuler 是否支持 KVM 虚拟化。

【示例 10-1】

```
[root@openeuler ~]# ls /dev/kvm
/dev/kvm
[root@openeuler ~]# ls /sys/module/kvm
parameters  uevent
```

若上述文件存在，说明 openEuler 内核支持 KVM 虚拟化。若上述文件不存在，则说明 openEuler 内核编译时未开启 KVM 虚拟化，需要更换为支持 KVM 虚拟化的 openEuler 内核。

（2）安装 QEMU 和 Libvirt。

安装 QEMU 和 Libvirt 可直接使用 yum 命令。

【示例 10-2】

```
# 安装 QEMU
[root@openeuler ~]# yum install -y qemu
#安装 Libvirt
[root@openeuler ~]# yum install -y libvirt
#启动 Libvirtd 服务
[root@openeuler ~]# systemctl start libvirtd
```

【示例 10-3】

```
#确认 QEMU 是否安装成功。若安装成功则可以看到 QEMU 软件包信息
[root@openeuler ~]# rpm -qi qemu
Name        : qemu
Epoch       : 2
Version     : 4.0.1
Release     : 10
Architecture: aarch64
...
As QEMU requires no host kernel patches to run, it is safe and easy to use.
```

【示例 10-4】

```
#确认 Libvirt 是否安装成功。若安装成功则可以看到 Libvirt 软件包信息
[root@openeuler ~]# rpm -qi libvirt
Name        : libvirt
Version     : 5.5.0
Release     : 1
Architecture: aarch64
...
```

【示例 10-5】

```
#查看 Libvirt 服务是否启动成功。若 Libvirt 服务处于 Active 状态，说明启动成功，可以正常使用
Libvirt 提供的 virsh 命令行工具
[root@openeuler ~]# systemctl status libvirtd
libvirtd.service - Virtualization daemon
   Loaded: loaded (/usr/lib/systemd/system/libvirtd.service; enabled; vendor
preset: enabled)
   Active: active (running) since Tue 2019-08-06 09:36:01 CST; 5h 12min ago
   Docs: man:libvirtd(8)
   https://libvirt.org
...
```

3. 准备使用环境

在 openEuler 操作系统中成功部署 KVM 虚拟化解决方案之后，即可部署虚拟机。部署虚拟机需

要准备虚拟机镜像文件、根据需求修改镜像磁盘空间大小。

（1）准备虚拟机镜像文件。

　虚拟机镜像文件包含可以直接启动并使用的操作系统以及操作系统上部署的应用软件。通过镜像文件可以在分钟级别完成虚拟机的部署。常见虚拟机镜像文件有.raw 格式和.qcow2 格式。.raw 指裸格式，创建该格式文件时就需要指定存储容量，不支持动态扩容，不支持快照，性能较好。相较于.raw 格式，.qcow2 格式文件具有占用更小的空间、支持动态扩容、支持压缩、支持 AES 加密、支持快照等特性，但性能略逊于.raw 格式文件。

　镜像文件的制作可借助 qemu-img 工具。使用 qemu-img 工具的 create 命令可创建镜像文件，命令格式为：

```
qemu-img create -f <imgFormat> -o <fileOption> <fileName> <diskSize>
```

其中，各参数及说明如表 10-2 所示。

表 10-2　qemu-img 命令参数及说明

参数	说明
imgFormat	用于设置镜像格式，取值为 raw、qcow2 等
fileOption	用于设置镜像文件的特性，如指定后端镜像文件、压缩、加密等特性
fileName	用于设置文件名称
diskSize	用于指定块磁盘设备的大小，支持的单位有 K、M、G、T，分别代表 KB、MB、GB、TB

下面以.qcow2 格式镜像文件为例，介绍虚拟机镜像制作过程。

【示例 10-6】

```
#以 root 用户的身份安装 qemu-img 软件包
[root@openeuler ~]# yum install -y qemu-img
#创建一个磁盘设备大小为 4GB、格式为.qcow2 的镜像文件 openEuler-imge.qcow2，命令和回显如下
[root@openeuler ~]# qemu-img create -f qcow2 openEuler-image.qcow2 4G
Formatting 'openEuler-image.qcow2', fmt=qcow2 size=4294967296
cluster_size=65536 lazy_refcounts=off refcount_bits=16
```

（2）修改镜像磁盘空间大小。

　当虚拟机需要更大的磁盘空间时，可以使用 qemu-img 工具，修改虚拟机镜像磁盘空间的大小。修改镜像磁盘空间大小的命令如下，其中 imgFiLeName 为镜像名称，"+"和"-"分别表示需要增加或减小的镜像磁盘空间大小，单位为 K、M、G、T，代表 KB、MB、GB、TB。

```
$ qemu-img resize <imgFiLeName> [+|-]<size>
```

【示例 10-7】

```
#查询当前虚拟机镜像磁盘空间大小，查询 openEuler-image.qcow2 镜像磁盘空间大小的命令和回显
如下，说明该镜像磁盘空间大小为 4GB
[root@openeuler ~]# qemu-img info openEuler-image.qcow2
image: openEuler-image.qcow2
file format: qcow2
virtual size: 4.0G (4294967296 bytes)
disk size: 196K
cluster_size: 65536
```

```
Format specific information:
    compat: 1.1
    lazy refcounts: false
    refcount bits: 16
    corrupt: false
```
#将上述 openEuler-image.qcow2 镜像磁盘空间大小扩展到 24GB，即在原来 4GB 基础上增加 20GB
```
[root@openeuler ~]# qemu-img resize openEuler-image.qcow2 +20G
Image resized.
```
#查询修改后的镜像磁盘空间大小
```
[root@openeuler ~]# qemu-img info openEuler-image.qcow2
image: openEuler-image.qcow2
file format: qcow2
virtual size: 24G (25769803776 bytes)
disk size: 200K
cluster_size: 65536
Format specific information:
    compat: 1.1
    lazy refcounts: false
    refcount bits: 16
    corrupt: false
```

4. 准备虚拟机网络

为了使虚拟机可以与外部网络进行通信，需要为虚拟机配置网络环境。KVM 虚拟化支持 Linux 网桥等多种类型的网桥和 Open vSwitch。

下面介绍搭建 Linux 网桥和 Open vSwitch 的方法，使虚拟机连接到网络，用户可以根据情况选择搭建网桥的类型。

（1）搭建 Linux 网桥。

Linux 网桥通常通过 brctl 工具管理，brctl 命令格式为：

```
brctl [选项] <bridge>
```
其中，各选项及说明如表 10-3 所示。

表 10-3　brctl 命令选项及说明

选项	说明
addbr	创建网桥
delbr	删除网桥
addif	将网卡接口接入网桥
delif	删除网桥接入的网卡接口
show	查询网桥信息

【示例 10-8】

```
#以物理网卡 eth0 绑定到 Linux 网桥 br0 的操作为例
#安装 bridge-utils 软件包。其对应的安装包为 bridge-utils
[root@openeuler ~]# yum install -y bridge-utils
#创建网桥 br0
[root@openeuler ~]# brctl addbr br0
#将物理网卡 eth0 绑定到 Linux 网桥
```

```
[root@openeuler ~]# brctl addif br0 eth0
```
#eth0 与网桥连接后，不再需要 IP 地址，将 eth0 的 IP 地址设置为 0.0.0.0
```
[root@openeuler ~]# ifconfig eth0 0.0.0.0
```
#设置 br0 的 IP 地址
#如果有 DHCP 服务器，可以通过 dhclient 设置动态 IP 地址
```
[root@openeuler ~]# dhclient br0
```
#如果没有 DHCP 服务器，给 br0 配置静态 IP，例如设置静态 IP 为 192.168.1.2，子网掩码为 255.255.255.0
```
[root@openeuler ~]# ifconfig br0 192.168.1.2 netmask 255.255.255.0
```

（2）搭建 Open vSwitch。

Open vSwitch 具有更便捷的自动化编排能力。使用 Open vSwitch 提供虚拟网络，需要安装 Open vSwitch 网络虚拟化组件。

【示例 10-9】

```
#使用 root 用户执行如下命令，安装 Open vSwitch 组件
[root@openeuler ~]# yum install -y openvswitch-kmod
[root@openeuler ~]# yum install -y openvswitch
#启动 Open vSwitch 服务
[root@openeuler ~]# systemctl start openvswitch
```

可以通过检查 openvswitch-kmod 和 openvswitch 这两个组件是否安装成功，确认 Open vSwitch 组件是否安装成功。

【示例 10-10】

```
#确认 openvswitch-kmod 组件是否安装成功。若安装成功，可以看到软件包相关信息
[root@openeuler ~]# rpm -qi openvswitch-kmod
Name        : openvswitch-kmod
Version     : 2.11.1
Release     : 1.oe3
Architecture: aarch64
...
#确认 openvswitch 组件是否安装成功。若安装成功，可以看到软件包相关信息
[root@openeuler ~]# rpm -qi openvswitch
Name        : openvswitch
Version     : 2.11.1
Release     : 1
Architecture: aarch64
...
#查看 Open vSwitch 服务是否启动成功。若服务处于 Active 状态，说明服务启动成功
[root@openeuler ~]# systemctl status openvswitch
  openvswitch.service - LSB: Open vSwitch switch
  Loaded: loaded (/etc/rc.d/init.d/openvswitch; generated)
  Active: active (running) since Sat 2019-08-17 09:47:14 CST; 4min 39s ago
   Docs: man:systemd-sysv-generator(8)
 Process: 54554 ExecStart=/etc/rc.d/init.d/openvswitch start (code=exited,
...
```

Open vSwitch 通常通过 ovs-vsctl 命令进行配置。

【示例 10-11】

```
#创建 Open vSwitch 虚拟交换机 br0
[root@openeuler ~]# ovs-vsctl add-br br0
```

177

```
#将物理网卡eth0添加到br0
[root@openeuler ~]# ovs-vsctl add-port br0 eth0
#eth0与交换机连接后，不再需要IP地址，将eth0的IP地址设置为0.0.0.0
[root@openeuler ~]# ifconfig eth0 0.0.0.0
#为open vSwitch网桥br0分配IP地址。如果有DHCP服务器，可以通过dhclient设置动态IP地址
[root@openeuler ~]# dhclient br0
#如果没有DHCP服务器，给br0配置静态IP地址，例如192.168.1.2
[root@openeuler ~]# ifconfig br0 192.168.1.2
```

10.2.2 虚拟机配置文件介绍

对于用户或者管理员来说，有很多的方法创建虚拟机，例如使用 KVM 自带的命令行工具、使用 virsh 命令、使用具有图形化界面的 virt-manager 等。但是它们底层实现的原理都是一样的，而且它们基本上都是通过开源的 Libvirt 来开发的。

Libvirt 工具采用 XML 格式的文件描述虚拟机特征，包括虚拟机的名称、CPU、内存、磁盘、网卡、鼠标、键盘等信息。用户可以通过修改配置文件，对虚拟机进行管理。

虚拟机 XML 配置文件以 domain 为根元素，domain 根元素中包含多个其他元素。XML 配置文件中的部分元素可以包含对应属性和属性值，用以详细地描述虚拟机信息，同一元素的不同属性使用空格分开。

XML 配置文件的基本格式如下，其中 label 代表具体标签名，attribute 代表属性，value 代表属性值，需要根据实际情况修改。

```
<domain type='kvm'>
  <name>VMName</name>
  <memory attribute='value'>8</memory>
  <vcpu>4</vcpu>
  <os>
    <label attribute='value' attribute='value'>
     ...
    </label>
  </os>
  <label attribute='value' attribute='value'>
   ...
  </label>
</domain>
```

虚拟机配置文件设置通常遵循图 10-11 所示的流程。

图 10-11　设置虚拟机配置文件的流程

下面介绍虚拟机 domain 根元素和虚拟机名称的配置。

• domain：XML 配置文件的根元素，用于配置运行此虚拟机的 hypervisor 的类型。（属性 type 为虚拟化中虚拟机的类型。openEuler 虚拟化中的属性值为 kvm。）

- name：虚拟机的名称。

（1）计算配置。

虚拟机的名称为一个字符串，同一个主机上的虚拟机名称不能重复，虚拟机的名称由数字、字母、
"_" "—" ":" 中的一种或多种组成，但不支持全数字的字符串，且虚拟机名称不超过 64 个字符。

【示例 10-12】

```
#配置虚拟机名为 openEuler
<domain type='kvm'>
    <name>openEuler</name>
    ...
</domain>
```

虚拟 CPU 和虚拟内存的常用配置包含以下元素。

① vcpu：虚拟处理器的个数。

② memory：虚拟内存的大小。（属性 unit：指定内存单位，属性值支持 KiB、MiB、GiB、
TiB 等。）

③ cpu：虚拟处理器模式。（属性 mode：表示虚拟 CPU 的模式。）

④ 子元素 topology：元素 cpu 的子元素，用于描述虚拟 CPU 模式的拓扑结构。子元素 topology
的属性 socket、cores、threads 分别描述了虚拟机具有多少个 cpu socket，每个 cpu socket 中包含多少
个处理器核心（Core），每个处理器核心具有多少个超线程（Thread），属性值为正整数且三者的
乘积等于虚拟 CPU 的个数。

⑤ 子元素 model：元素 cpu 的子元素，当 mode 为 custom 时用于描述 CPU 的模型。

⑥ 子元素 feature：元素 cpu 的子元素，当 mode 为 custom 时用于描述某一特性的使能情况。
其中，属性 name 表示特性的名称，属性 policy 表示某一特性的使能控制策略。

- force：表示强制使能某一特性，无论主机 CPU 是否支持某一特性。
- require：表示使能某一特性，当主机 CPU 不支持这一特性并且 hypervisor 不支持模拟这一
  特性时，创建虚拟机失败。
- optional：表示某一特性的使能情况与主机上某一特性的使能情况保持一致。
- disable：禁用某一特性。
- forbid：禁用某一特性，当主机支持这一特性时创建虚拟机失败。

> **说 明** 虚拟机内部用户态 CPU 特性的呈现（如通过 lscpu 中的 Flags 呈现的 CPU 特性）
> 需虚拟机内核的支持，若虚拟机内核版本较旧，可能无法呈现出全部 CPU 特性。

【示例 10-13】

```
#例如，虚拟 CPU 个数为 4，处理模式为 host-passthrough，虚拟内存为 8GiB，4 个 CPU 分布在两个
CPU socket 中，且不支持超线程
<domain type='kvm'>
    ...
    <vcpu>4</vcpu>
    <memory unit='GiB'>8</memory>
    <cpu mode='host-passthrough'>
        <topology sockets='2' cores='2' threads='1'/>
```

```
        </cpu>
    ...
    </domain>
    #虚拟内存为 8GiB, 虚拟 CPU 个数为 4, 处理模式为 custom, model 为 Kunpeng-920, 且禁用 pmull
特性
    <domain type='kvm'>
        ...
        <vcpu>4</vcpu>
        <memory unit='GiB'>8</memory>
        <cpu mode='custom'>
            <model>Kunpeng-920</model>
            <feature policy='disable' name='pmull'/>
        </cpu>
        ...
    </domain>
```

XML 配置文件使用 devices 元素配置虚拟设备，包括存储设备、网络设备、总线、鼠标等。

（2）存储设备配置。

XML 配置文件可以配置虚拟存储设备信息，包括软盘、磁盘、光盘等存储介质及其存储类型等信息，下面介绍存储设备的配置方法。

XML 配置文件使用 disk 元素配置存储设备，disk 常见的属性如表 10-4 所示，常见子元素及子元素属性如表 10-5 所示。

表 10-4　disk 常见的属性

元素	属性	含义	属性值及其含义
disk	type	指定后端存储介质类型	block: 块设备 file: 文件设备 dir: 目录路径
	device	指定呈现给虚拟机的存储介质	disk: 磁盘（默认） floppy: 软盘 cdrom: 光盘

表 10-5　disk 常见子元素及子元素属性

子元素	子元素含义	属性说明
source	指定后端存储介质，与 disk 元素的属性 type 指定类型相对应	file: 对应 file 类型，值为对应文件的完全限定路径 dev: 对应 block 类型，值为对应主机设备的完全限定路径 dir: 对应 dir 类型，值为用作磁盘目录的完全限定路径
driver	指定后端驱动的详细信息	type: 磁盘格式的类型，常用的有.raw 和.qcow2，需要与 source 的格式一致 io: 磁盘 I/O 模式，支持 "native" 和 "threads" 值 cache: 磁盘的 cache 模式，可选值有 "none" "writethrough" "directsync" 等 iothread: 指定为磁盘分配的 I/O 线程

子元素	子元素含义	属性说明
target	指磁盘呈现给虚拟机的总线和设备	dev：指定磁盘的逻辑设备名称，如 SCSI、SATA、USB 类型总线常用命名习惯为 sd[a-p]，IDE 类型设备磁盘常用命名习惯为 hd[a-d] bus：指定磁盘设备的类型，常见的有 "scsi" "usb" "sata" "virtio" 等类型
boot	表示此磁盘可以作为启动盘使用	order：指定磁盘的启动顺序
readonly	表示磁盘具有只读属性，磁盘内容不可以被虚拟机修改，通常与光驱结合使用	

【示例 10-14】

```
#为虚拟机配置两个 I/O 线程，即一个块磁盘设备和一个光盘设备，第一个 I/O 线程分配给块磁盘设备使用。该块磁盘设备的后端介质为 .qcow2 格式，且被作为优先启动盘
<domain type='kvm'>
    ...
    <iothreads>2</iothreads>
    <devices>
        <disk type='file' device='disk'>
        <driver name='qemu' type='qcow2' cache='none' io='native' iothread="1"/>
        <source file='/mnt/openEuler-image.qcow2'/>
        <target dev='vda' bus='virtio'/>
        <boot order='1'/>
    </disk>
    <disk type='file' device='cdrom'>
        <driver name='qemu' type='raw' cache='none' io='native'/>
        <source file='/mnt/openEuler-20.03-LTS-aarch64-dvd.iso'/>
        <target dev='sdb' bus='scsi'/>
        <readonly/>
        <boot order='2'/>
    </disk>
        ...
    </devices>
</domain>
```

（3）网络设备配置。

通过 XML 配置文件可以配置虚拟网络设备，包括 ethernet 模式、bridge 模式、vhostuser 模式等，下面介绍虚拟网卡设备的配置方法。

XML 配置文件中使用元素 interface 的属性 type 表示虚拟网卡的模式，可选的值有 ethernet、bridge、vhostuser 等，下面以 bridge 模式虚拟网卡为例介绍其子元素以及对应的属性，如表 10-6 所示。

表 10-6 bridge 模式虚拟网卡常用子元素及其属性

子元素	子元素含义	属性及含义
mac	虚拟网卡的 MAC 地址	address：指定 MAC 地址，若不配置，会自动生成
target	后端虚拟网卡名	dev：创建的后端 tap 设备的名称

续表

子元素	子元素含义	属性及含义
source	指定虚拟网卡后端	bridge：与 bridge 模式联合使用，其值为网桥名称
boot	表示网卡可以远程启动	order：指定网卡的启动顺序
model	虚拟网卡的类型	type：bridge 模式网卡通常使用 virtio
virtualport	端口类型	type：若使用 Open vSwitch，需要配置为 openvswitch
driver	后端驱动类型	name：驱动名称，通常取值为 vhost。 queues：网卡设备队列数

【示例 10-15】

```
#按照示例 10-8 创建了 Linux 网桥 br0 后，配置一个桥接在 br0 网桥上的 virtio 类型的虚拟网卡设
备，对应的 XML 配置如下
<domain type='kvm'>
    ...
    <devices>
        <interface type='bridge'>
            <source bridge='br0'/>
            <model type='virtio'/>
        </interface>
        ...
    </devices>
</domain>
```

```
#如果按照示例 10-11 创建了 Open vSwitch 虚拟交换机，配置一个后端使用 vhost 驱动，且具有 4 个
队列的 virtio 虚拟网卡设备
<domain type='kvm'>
    ...
    <devices>
        <interface type='bridge'>
            <source bridge='br0'/>
            <virtualport type='openvswitch'/>
            <model type='virtio'/>
            <driver name='vhost' queues='4'/>
        </interface>
        ...
    </devices>
</domain>
```

（4）总线配置。

总线是计算机各个部件之间进行信息通信的通道。外部设备需要挂载到对应的总线上，每个设备都会被分配一个唯一地址（由子元素 address 指定），通过总线网络完成与其他设备或 CPU 的信息交换。常见的设备总线有 ISA 总线、PCI 总线、USB 总线、SCSI 总线、PCIe 总线。

PCIe 总线是一种典型的树结构，具有比较好的扩展性，总线之间通过控制器关联，这里以 PCIe 总线为例介绍如何为虚拟机配置总线拓扑。

> **说明** 总线的配置相对烦琐，若不需要精确控制设备拓扑结构，可以使用 Libvirt 自动生成的缺省总线配置。

在 Libvirt 的 XML 配置中，每个控制器元素（控制器 controller）可以表示一个总线，根据虚拟机架构的不同，一个控制器上通常可以挂载一个或多个控制器或设备。这里介绍控制器元素常用的属性和子元素。

- 属性 type：控制器必选属性，表示总线类型，常用取值有 pci、usb、scsi、virtio-serial、fdc、ccid。
- 属性 index：控制器必选属性，表示控制器的总线 bus 编号（编号从 0 开始），可以在地址元素 address 中使用。
- 属性 model：控制器必选属性，表示控制器的具体型号，其可取的值与控制器类型 type 的值相关，具体请参见表 10-7。
- 子元素 address：为设备或控制器指定其在总线网络中的挂载位置。子元素 address 的属性 type 用于表示设备地址类型，常用取值有 pci、usb、drive。子元素 address 的 type 类型不同，对应的含义也不同，常用的 type 取值及该值下 address 的含义请参见表 10-8。
- 子元素 model：控制器具体型号的名称。子元素 model 的属性 name 用于指定控制器具体型号的名称，和父元素 controller 中的属性 model 对应。

表 10-7　controller 属性 type 常用取值和 model 取值对应关系

type 属性值	model 属性值	简介
pci	pcie-root	PCIe 根节点，可挂载 PCIe 设备或控制器
	pcie-root-port	只有一个插槽，可以挂载 PCIe 设备或控制器
	pcie-to-pci-bridge	PCIe 转 PCI 桥控制器，可挂载 PCI 设备
usb	ehci	USB 2.0 控制器，可挂载 USB 2.0 设备
	nec-xhci	USB 3.0 控制器，可挂载 USB 3.0 设备
scsi	virtio-scsi	virtio 类型 SCSI 控制器，可以挂载块设备，如磁盘、光盘等
virtio-serial	virtio-serial	virtio 类型串口控制器，可挂载串口设备，如 pty 串口

表 10-8　子元素 address 在不同设备类型下的含义说明

type 取值	含义	对应的含义
pci	地址类型为 PCI 地址，表示设备在 PCI 总线网络中的挂载位置	domain：PCI 设备的域号 bus：PCI 设备的 bus 号 slot：PCI 设备的 device 号 function：PCI 设备的 function 号 multifunction：controller 元素可选，是否开启 multifunction 功能
usb	地址类型为 USB 地址，表示设备在 USB 总线中的位置	bus：USB 设备的 bus 号 port：USB 设备的 port 号
drive	地址类型存储设备地址，表示所属的磁盘控制器，及其在总线中的位置	controller：所属控制器号 bus：设备输出的 channel 号 target：存储设备 target 号 unit：存储设备 lun（逻辑单元）号

【示例 10-16】

#该示例给出一个 PCIe 总线的拓扑结构。PCIe 根节点（BUS 0）下挂载了 3 个 PCIe-Root-Port 控制器。第一个 PCIe-Root-Port 控制器（BUS 1）开启了 multifunction 功能，并在其下挂载一个 PCIe-to-PCI-bridge 控制器，形成了一个 PCI 总线（BUS 3），该 PCI 总线上挂载了一个 virtio-serial 设备和一个 USB 2.0 控制器。第二个 PCIe-Root-Port 控制器（BUS 2）下挂载了一个 SCSI 控制器。第三个 PCIe-Root-Port 控制器（BUS 0）下无挂载设备。配置内容如下

```
<domain type='kvm'>
    ...
    <devices>
        <controller type='pci' index='0' model='pcie-root'/>
    <controller type='pci' index='1' model='pcie-root-port'>
        <address type='pci' domain='0x0000' bus='0x00' slot='0x01' function='0x0' multifunction='on'/>
    </controller>
    <controller type='pci' index='2' model='pcie-root-port'>
        <address type='pci' domain='0x0000' bus='0x00' slot='0x01' function='0x1'/>
    </controller>
    <controller type='pci' index='3' model='pcie-to-pci-bridge'>
        <model name='pcie-pci-bridge'/>
        <address type='pci' domain='0x0000' bus='0x01' slot='0x00' function='0x0'/>
    </controller>
    <controller type='pci' index='4' model='pcie-root-port'>
        <address type='pci' domain='0x0000' bus='0x00' slot='0x01' function='0x2'/>
    </controller>
    <controller type='scsi' index='0' model='virtio-scsi'>
        <address type='pci' domain='0x0000' bus='0x02' slot='0x00' function='0x0'/>
    </controller>
    <controller type='virtio-serial' index='0'>
        <address type='pci' domain='0x0000' bus='0x03' slot='0x02' function='0x0'/>
    </controller>
    <controller type='usb' index='0' model='ehci'>
        <address type='pci' domain='0x0000' bus='0x03' slot='0x01' function='0x0'/>
    </controller>
    ...
    </devices>
</domain>
```

【示例 10-17】

#一个典型的虚拟机配置参数

```
<domain type='kvm'> #定义文件的开始
    <name>openEulerVM01</name> #虚拟机的名称为 openEulerVM01
    <memory unit='GiB'>2</memory> #内存为 2GiB
    <vcpu placement='static'>1</vcpu> # placement 表示配置方式，static 表示静态配置，vcpu 个数为 1
    <iothreads>1</iothreads> #增加一个 iothread 线程
    <os>
        <type arch='x86_64' machine='pc-i440fx-4.0'>hvm</type> # 设置 CPU 的架构为 x86_64，machine 指定了宿主机操作系统
    </os>
    <features> #定义处理器特性
```

```
            <acpi/>
        </features>
        <cpu mode='host-passthrough'>  #处理模式为 host-passthrough
            <topology sockets='2' cores='2' threads='1'/> #配置两个 vcpu 分布在两个
socket 中，每个 socket 对应一个线程
        </cpu>
        <clock offset='utc'/> #设置时钟为 utc，即世界统一时间
        <on_poweroff>destroy</on_poweroff>  #接下来的 3 个参数，分别定义了在 KVM 环境中
power off、reboot、crash 对应的默认动作分别为 destroy、restart 和 restart
        <on_reboot>restart</on_reboot>
        <on_crash>restart</on_crash>
        <devices>  #开始定义设备
            <emulator>/usr/libexec/qemu-kvm</emulator>    #此处配置模拟器的元素，此处使
用 Qemu-kvm
            <disk type='file' device='disk'> #设置 KVM 存储的文件，此处设置存储介质类型为
file，呈现给虚拟机的存储介质为磁盘
                <driver name='qemu' type='qcow2' iothread='1'/>  #驱动名为 qemu，存储
文件格式为.qcow2，占用线程数为 1
                <source file='/images/openEuler-image'/> #磁盘的工作路径
                <target dev='vda' bus='virtio'/> #磁盘呈现给虚拟机的磁盘名称为 vda，总线
类型为 virtio
                <boot order='1'/>  #此磁盘可以作为启动盘使用，说明此磁盘为系统盘
            </disk>   #为虚拟机配置一个数据盘
            <disk type='file' device='cdrom'>  #设置 KVM 存储的文件，此处设置存储介质
类型为 file，呈现给虚拟机的存储介质为光盘
                <driver name='qemu' type='raw'/> #驱动名为 qemu，存储文件格式为.raw
                <source file='/mnt/iso/openEuler-20.03-LTS-x86_64-dvd.iso'/> #磁盘
的工作路径，此处指定了安装虚拟机需要的镜像文件的位置
                <readonly/> #只读文件
                <target dev='sdb' bus='scsi'/>    #磁盘呈现给虚拟机的磁盘名称为 vdb，总线
类型为 virtio
                <boot order='2'/>  #设置启动顺序为 2，表明启动顺序在 vda 之后
            </disk>
        <controller type='scsi' index='0' model='virtio-scsi'> #设置总线类型为 SCSI，
控制器总线 bus 的编号为 0，控制器的具体型号为 virtio-scsi
        </controller>
        <controller type='virtio-serial' index='0'>
        </controller>
        <controller type='usb' index='0' model='ehci'>
        </controller>
        <controller type='sata' index='0'>
        </controller>
        <controller type='pci' index='0' model='pci-root'/>
        <interface type='bridge'>  #网络设备为网桥设备
        <source bridge='br01'/>    #设备名称为 br01
            <virtualport type='openvswitch'/>    #端口类型为 Open vSwitch
```

185

```
        <model type='virtio'/>  #虚拟网卡的类型为 virtio
    </interface>
  </devices>
</domain>
```

以上只展示了在配置虚拟机时会使用的常见的计算资源、存储资源、网络资源和总线资源的详细参数,在实际使用过程中还会涉及其他外部设备,体系架构等参数的配置,详情可参考官方文档。

10.2.3 虚拟机管理

在 openEuler 操作系统上使用 KVM 虚拟化部署虚拟机之后,可以通过命令对虚拟机进行管理。本小节主要介绍虚拟机的生命周期,以及如何使用 virsh 命令对虚拟机进行管理。

1. 虚拟机生命周期介绍

为了更好地利用硬件资源,降低成本,用户需要合理地管理虚拟机。下面介绍虚拟机生命周期过程中的基本操作,包括虚拟机创建、使用、删除等,指导用户更好地管理虚拟机。

虚拟机主要有如下几种状态。

- 未定义(Undefined):虚拟机未定义或未创建,即 Libvirt 认为该虚拟机不存在。
- 关闭(Shut Off):虚拟机已经被定义但未运行,或者虚拟机被终止。
- 运行(Running):虚拟机处于运行状态。
- 暂停(Paused):虚拟机运行被挂起,其运行状态被临时保存在内存中,可以恢复到运行状态。
- 保存(Saved):与暂停状态类似,其运行状态被保存在持久性存储介质中,可以恢复到运行状态。
- 崩溃(Crashed):通常由于内部错误导致虚拟机崩溃,不可恢复到运行状态。

虚拟机不同状态之间可以相互转换,但必须满足一定规则。虚拟机不同状态之间的转换如图 10-12 所示。

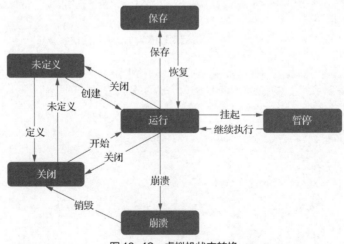

图 10-12　虚拟机状态转换

在 Libvirt 中,创建完成的虚拟机实例称作 domain,其描述了虚拟机的 CPU、内存、网络设备、存储设备等各种资源的配置信息。在同一个主机上，每个 domain 具有唯一标识，通过 Name、UUID、ID 表示。在虚拟机生命周期期间，可以通过虚拟机标识对特定虚拟机进行操作。

- Name：虚拟机名称。
- UUID：通用唯一识别码。
- ID：虚拟机运行标识。

> **说明** 关闭状态的虚拟机无 ID 标识。

2. virsh 管理命令

用户可以使用 virsh 命令工具管理虚拟机生命周期。下面介绍生命周期相关的命令以指导用户使用。

在使用管理命令之前需要满足以下条件。

- 执行虚拟机生命周期操作之前，需要查询虚拟机状态以确定可以执行对应操作。
- 具备管理员权限。
- 准备好虚拟机 XML 配置文件。

用户可以使用 virsh 命令管理虚拟机生命周期，命令格式为：

```
virsh <operate> <obj> <options>
```

各参数含义如下。

- operate：管理虚拟机生命周期的操作，例如创建、销毁、启动等。
- obj：命令操作对象，如指定需要操作的虚拟机。
- options：命令选项，该参数可选。

虚拟机生命周期管理命令如表 10-9 所示。其中 VMInstanse 为虚拟机 Name、虚拟机 ID 或者虚拟机 UUID，XMLFile 是虚拟机 XML 配置文件，DumpFile 为转储文件，可根据实际情况修改。

表 10-9 虚拟机生命周期管理命令

命令	含义
virsh define <XMLFile>	定义持久化虚拟机，定义完成后虚拟机处于关闭状态，虚拟机被看作一个 domian 实例
virsh create <XMLFile>	创建一个临时性虚拟机，创建完成后虚拟机处于运行状态
virsh start <VMInstanse>	启动虚拟机
virsh shutdown <VMInstanse>	关闭虚拟机。启动虚拟机关机流程，若关机失败可使用强制关闭
virsh destroy <VMInstanse>	强制关闭虚拟机
virsh reboot <VMInstanse>	重启虚拟机
virsh save <VMInstanse> <DumpFile>	将虚拟机的运行状态转储到文件中

【示例 10-18】

```
#创建虚拟机，虚拟机 XML 配置文件为 openEulerVM.xml，命令和回显如下
[root@openeuler ~]# virsh define openEulerVM.xml
```

```
Domain openEulerVM defined from openEulerVM.xml
```
#启动名为 openEulerVM 的虚拟机，命令和回显如下
```
[root@openeuler ~]# virsh start openEulerVM
Domain openEulerVM started
```
#重启名为 openEulerVM 的虚拟机，命令和回显如下
```
[root@openeuler ~]# virsh reboot openEulerVM
Domain openEulerVM is being rebooted
```
#关闭名为 openEulerVM 的虚拟机，命令和回显如下
```
[root@openeuler ~]# virsh shutdown openEulerVM
Domain openEulerVM is being shutdown
```

若虚拟机启动时未使用.nvram 文件，销毁虚拟机命令如下：
```
[root@openeuler ~]# virsh undefine <VMInstanse>
```
若虚拟机启动时使用了.nvram 文件，销毁该虚拟机需要指定.nvram 的处理策略，命令如下：
```
virsh undefine <VMInstanse> <strategy>
```
其中<strategy>为销毁虚拟机的策略，可取值如下。

- nvram：销毁虚拟机的同时删除其对应的.nvram 文件。
- keep-nvram：销毁虚拟机，但保留其对应的.nvram 文件。

【示例 10-19】
```
#删除虚拟机 openEulerVM 及其.nvram 文件，命令和回显如下
[root@openeuler ~]# virsh undefine openEulerVM --nvram
Domain openEulerVM has been undefined
```

虚拟机创建之后用户可以修改虚拟机的配置信息，这称为在线修改虚拟机配置。在线修改配置以后，新的虚拟机配置文件会被持久化，并在虚拟机关闭、重新启动后生效。

修改虚拟机配置命令如下：
```
virsh edit <VMInstance>
```

virsh edit 命令通过编辑 domain 对应的 XML 配置文件，完成对虚拟机配置的更新。virsh edit 命令使用 Vim 作为默认的编辑器，可以通过修改环境变量 EDITOR 或 VISUAL 指定编辑器类型。virsh edit 命令默认优先使用 VISUAL 环境变量指定的文本编辑器。

【示例 10-20】
```
#设置 virsh edit 命令的编辑器为 Vim
[root@openeuler ~]# export VISUAL=vim
#使用 virsh edit 打开虚拟机 openEulerVM 对应的 XML 配置文件
[root@openeuler ~]# virsh edit openEulerVM
#修改虚拟机配置文件，保存虚拟机配置文件并退出
#重启虚拟机使配置修改生效
[root@openeuler ~]# virsh reboot openEulerVM
```

管理员在管理虚拟机的过程中经常需要知道一些虚拟机信息，Libvirt 提供了一套命令行工具用于查询虚拟机的相关信息。下面介绍相关命令的使用方法，便于管理员来获取虚拟机的各种信息。

查询虚拟机信息需要满足以下条件。

- Libvirtd 服务处于运行状态。
- 执行命令行操作需要拥有管理员权限。

【示例 10-21】

```
#查询主机上处于运行和暂停状态的虚拟机列表
[root@openeuler ~]# virsh list
#下述回显说明当前主机上存在 3 台虚拟机，其中 openEulerVM01、openEulerVM02 处于运行状态，
openEulerVM03 处于暂停状态
 Id    Name                          State
-------------------------------------------------------
 39    openEulerVM01                 running
 40    openEulerVM02                 running
       openEulerVM03                 paused
#查询主机上已经定义的所有虚拟机信息列表
[root@openeuler ~]# virsh list - all
#下述回显说明当前主机上定义了 4 台虚拟机，其中虚拟机 openEulerVM01 处于运行状态，
openEulerVM02 处于暂停状态，openEulerVM03 和 openEulerVM04 处于关机状态
 Id    Name                          State
-------------------------------------------------------
 39    openEulerVM01                 running
 69    openEulerVM02                 paused
  -    openEulerVM03                 shut off
  -    openEulerVM04                 shut off
```

Libvirt 组件提供了一组查询虚拟机状态信息的命令，如表 10-10 所示。

表 10-10　虚拟机状态信息查询命令

命令行	说明
virsh dominfo <VMInstance>	查询虚拟机的基本信息，包括虚拟机 ID、UUID，以及虚拟机规格等信息
virsh domstate <VMInstance>	查询虚拟机的当前状态，可以使用--reason 选项查询虚拟机变为当前状态的原因
virsh schedinfo <VMInstance>	查询虚拟机的调度信息，包括 vCPU 份额等信息
virsh vcpucount<VMInstance>	查询虚拟机 vCPU 的个数
virsh domblkstat <VMInstance>	查询虚拟块设备状态，可以使用 virsh domblklist 命令查询块设备名称
virsh domifstat <VMInstance>	查询虚拟网卡状态，可以使用 virsh domiflist 命令查询网卡名称
virsh iothreadinfo <VMInstance>	查询虚拟机 I/O 线程及其 CPU 亲和性信息

当虚拟机操作系统安装部署完成之后，用户可以通过 VNC 协议远程登录虚拟机，从而对虚拟机进行管理操作。

登录虚拟机前提条件：使用 RealVNC、TightVNC 等客户端登录虚拟机，在登录虚拟机之前需要获取如下信息。

- 虚拟机所在主机的 IP 地址。
- 确保客户端所在的环境可以访问到主机的网络。
- 虚拟机的 VNC 侦听端口，该端口一般在虚拟机启动时自动分配，一般为 5900+x（x 为正整数，按照虚拟机启动的顺序递增，且 5900 对用户不可见）。
- 如果 VNC 设置了密码，还需要获取虚拟机的 VNC 密码。

> **说 明** 为虚拟机 VNC 配置密码，需要编辑虚拟机 XML 配置文件，即为 graphics 元素
> 新增一个 passwd 属性，属性的值为要配置的密码。例如，将虚拟机的 VNC 密码配
> 置为 n8VfjbFK 的 XML 配置参考如下：
>
> ```
> <graphics type='vnc' port='5900' autoport='yes' listen='0.0.0.0'
> keymap='en-us' passwd='n8VfjbFK'>
>   <listen type='address' address='0.0.0.0'/>
> </graphics>
> ```

【示例 10-22】

```
#查询名为 openEulerVM 的虚拟机使用的 VNC 端口号
[root@openeuler ~]# virsh vncdisplay openEulerVM
:3
#登录 VNC 需要配置防火墙规则，允许 VNC 端口的连接。参考命令如下，其中 X 的值为"5900 + 端口号"，
本例中为 5903
[root@openeuler ~]# firewall-cmd --zone=public --add-port=X/tcp
#打开 VncViewer，输入主机 IP 地址和端口号，格式为"主机 IP:端口号"。例如"10.133.205.53:3"
#单击"确定"按钮，输入 VNC 密码（可选），登录虚拟机 VNC 进行操作
```

10.3 本章练习

请按照如下要求创建一个虚拟机配置文件。

- 虚拟内存为 8GB，虚拟 CPU 个数为 4，处理模式为 custom，model 为 Kunpeng-920，且禁用 pmull 特性。
- 绑定一个块磁盘设备，块磁盘设备的后端介质为 .qcow2 格式，且作为优先启动盘。
- 创建 Linux 网桥 br0，并配置一个桥接在 br0 网桥上的 virtio 类型的虚拟网卡设备。

第11章

容器技术

11

学习目标

- 了解容器技术产生的背景。
- 掌握 Docker 容器的架构和常规操作。
- 熟悉 iSula 容器的架构和常规操作。

随着云计算的快速普及，已经有越来越多的应用部署在了云上。在业务云化的同时，人们也发现传统虚拟化技术已经不能很好地满足云上应用对版本迭代频次、软件部署速度、跨平台部署等的需求。容器作为一种操作系统级虚拟化技术，弥补了传统虚拟化技术的不足，得到了市场广泛的认可。openEuler 操作系统同时提供 iSula 与 Docker 两种容器方案。本章将分别介绍这两种容器方案。

11.1 容器概述

"容器"作为技术名词是从英文"Container"翻译过来的。从字面意思来看，Container 可以直译为集装箱，若将相关技术直接翻译为"集装箱技术"，不免有些拗口，因此业界将相关技术命名为"容器技术"。

11.1.1 容器简介

容器技术屏蔽上层应用之间差异的做法借鉴了海运领域中使用标准集装箱屏蔽货物差异，实现多样化货物标准化集中运输的做法。

在海运领域，需要运输的货物多种多样，例如汽车、食品、服饰、化工用品等。传统运输方式采用专有船只装载专有货物，往往由于装载货物数量有限，运输成本居高不下。使用集装箱的方式运输货物，就能很好地屏蔽货物的差异，实现多种货物共享运输船只，并且船只也不需要针对货物改造。

在 IT 领域，通过引入传统虚拟化技术，实现了在一个物理硬件之上创建多个虚拟机，在一定程度上提升了资源利用率。但是，由于每个虚拟机独享一个操作系统，随着物理机上创建的虚拟机数量增加，在每个虚拟机上部署的操作系统对物理硬件资源的消耗也会增加。而且，在传统虚拟化中，软件部署模式依然与虚拟机操作系统强相关，应用软件跨操作系统部署的难度依然很高。IT 领域遇到的问题，与海运领域遇到的问题相似。可借鉴海运领域的处理方法，设计一套新的计算架构，架构中的用户更多地关注应用程序本身，应用按照统一标准封装，不同的应用共享标准化的底层运行环境。由于应用和运行环境都是标准化的，应用移植到新的环境中时，也不需要重新配置底层环境。容器技术就是按照这种架构来实现的。

将海运领域和容器技术对比来看一下这个实现过程。例如一辆电动汽车（在 IT 领域如同一个开发好的应用程序）被放置到集装箱（在 IT 领域如同一个容器）里，它通过集装箱货轮从码头 A（在 IT 领域如同 CentOS 7.2 环境）运送到码头 B（在 IT 领域如同 openEuler 20.03 环境）。而且在运输期间，电动汽车没有任何的损坏（在 IT 领域如同文件没有损坏或者丢失），在另外一个码头卸货后，依然可以正常使用（在 IT 领域如同应用程序可以正常启动，且不需要作额外配置）。

从技术原理上来讲，容器技术也是一种虚拟化技术。但是容器技术实现虚拟化的方法和第 10 章中提到的基于 Hypervisor 软件层实现的虚拟机维度的资源隔离方法有本质上的不同。容器直接运行在操作系统内核之上的用户空间中，并能实现多个独立的用户空间同时运行在一个操作系统之上。因此，容器技术也被称为"操作系统级虚拟化技术"。

图 11-1 对比了传统业务部署（非虚拟化）、基于 Hypervisor 虚拟化部署（虚拟化）和容器化业务部署（容器化）之间的区别。基于 Hypervisor 实现的虚拟化本质上是在一个硬件服务器之上模拟出多个独立的资源集合（也就是虚拟机），并在各个分割出来的资源集合之上部署虚拟机操作系统。这种虚拟化可以理解为模拟硬件运行环境的虚拟化。容器在操作系统层级实现资源隔离，实质上是在操作系统进程级别运行。与非虚拟化环境下直接在物理机操作系统上执行的进程不同，容器中的每个进程都有属于各自的独立命名空间。每个容器都有各自独立的 root 文件系统、独立的进程空间、独立的网络配置，甚至独立的 UID 空间。不同容器中的进程运行在逻辑上相互隔离的环境中，从实现效果上来看，就相当于每个容器都运行在相互独立的物理机操作系统上。相较于非虚拟化环境下运行的应用程序，以容器方式运行的应用程序有更好的隔离性。

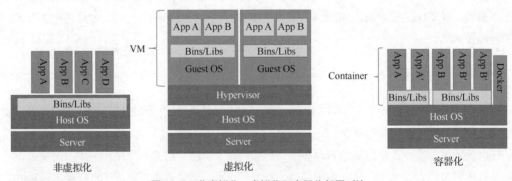

图 11-1　非虚拟化、虚拟化和容器化部署对比

容器的隔离机制主要是由命名空间和 cgroup 来实现的。命名空间的主要作用是对容器应用进行打包隔离。用前面集装箱的例子来解释，就是将不同种类的货物都分别打包放进集装箱中并贴上标签。cgroup 的主要作用是管理、控制容器使用的资源，如对容器进程所使用的 CPU/内存资源进行限制、控制进程的优先级、控制进程组的挂起和恢复等。用集装箱的例子来解释，就是货运码头需要对集装箱的规格、运输的前后顺序、运输路线等进行规划，对极端情况的应急预案等做出规范。

容器所使用的进程和用户空间隔离技术并不是全新的技术，如图 11-2 所示，早在 1979 年，贝尔实验室在开发 UNIX V7 时就提出了 chroot 系统调用。chroot 系统调用可以将进程及其子进程的根目录改变为系统中的一个新目录，并限制这些进程只能访问指定的目录空间。这种方式实现了为每一个进程提供独立的磁盘空间。但 chroot 系统调用安全机制并不完善。2000 年，FreeBSD 操作系统正式发布了 FreeBSD Jails，它基于 chroot 系统调用，并引入了基础的安全保障机制，实现了客户服务之间的隔离和管理。2006 年，谷歌公司发布了 Process Containers 方案。2008 年，Linux 容器（Linux Containers，LXC）发布，LXC 整合了 cgroup 和 namespace 功能，是第一个最完整的 Linux 容器管理器的实现方案。2013 年，dotCloud 公司（Docker 公司的前身）发布第一个 Docker 版本。它引入了一整套管理容器的生态系统，包括高效、分层的镜像模型，全局和本地的容器注册库，清晰的 REST API、命令行，等等。Docker 容器技术的出现极大地推动了容器技术的发展。2019 年，华为通过 openEuler 开源社区，开源了 iSulad 轻量级容器引擎。

图 11-2　容器技术发展时间轴

　　为了更好地维护容器技术的发展，避免各个容器解决方案之间出现较大的技术冲突和冗余，在 2015 年，开放容器计划（Open Container Initiative，OCI）组织在 Linux 基金会的支持下成立了。OCI 目前推出了两个规范：运行时规范（Runtime-Spec）和镜像规范（Image-Spec）。运行时规范确定了如何运行解压过的 filesystem bundle。filesystem bundle 是一个目录，其中包含运行容器所需要的所有信息，有了 filesystem bundle 后，符合运行时规范的程序就可以根据 filesystem bundle 启动容器。镜像规范包含在一个目标平台启动一个程序的必要信息。OCI 相当于规定了容器的镜像和运行时的协议，只要实现了 OCI 规范的容器就可以实现 OCI 所定义的兼容性和可移植性。规范的推出，为市场多样化的容器解决方案提供了统一的标准，为用户使用容器增添了信心。

> **说明**　由于 OCI 规范内容较多，本书没有做详细的介绍，感兴趣的读者可以查看 OCI 官网相关说明文档。

11.1.2　Docker 与 iSula

　　Docker 和 iSula 都是容器技术，它们的目的是让开发者能够更加方便地打包、部署和运行应用程序。但是它们有一些区别。

1. Docker 容器介绍

　　Docker 容器基于谷歌公司推出的 Go 语言实现，最初是 dotCloud 公司的一个内部项目，之后加入了 Linux 基金会并成为开源项目，其遵从 Apache 2.0 协议，项目代码在 GitHub 上进行维护。在技术实现上，Docker 容器技术基于 LXC 技术的架构，沿用了 Linux 内核层级的进程隔离机制，使用 cgroup 为不同的进程分配资源，使用命名空间限制进程对系统其他资源或区域的访问及可见性。Docker 容器技术在 LXC 技术的基础之上做了进一步的封装，并在可移植性、轻量化、自动化、版本控制、容器重用、共享库等方面做了功能加强。

- 可移植性：LXC 通常需要引用主机特定的配置信息，而 Docker 容器无须修改任何配置即可实现在个人计算机桌面、数据中心、云上环境等多种环境下运行。
- 轻量化：一个 LXC 可以包含多个进程，而一个 Docker 容器只能有一个进程，这样可以使一个应用程序能够在其中的某个部件被删除、更新、修复的时候继续保持运行状态。
- 自动化：Docker 可以根据应用源码自动构建容器。
- 版本控制：Docker 可以跟踪镜像的版本，回滚到以前的版本，并确定版本的修改者和修改的内容。用户也可以只上传当前版本和最新版本之间的增量。
- 容器重用：Docker 支持基于当前容器制作镜像，并将该镜像作为基础镜像来创建容器。
- 共享仓库：开发人员可以访问开源镜像仓库，并自由使用仓库中的镜像资源。当前 Docker 容器也适用于微软的 Windows 操作系统，并且主流的云供应商都提供了特定的服务来帮助开发人员构建、使用 Docker 容器。

正是这些特性，使得 Docker 容器解决方案成为当前最广泛使用的容器解决方案之一。从某种程度上讲，Docker 已经成为容器技术的标准。

2. Docker 架构

Docker 使用客户端加服务器的体系结构，如图 11-3 所示。Docker 客户端（Docker Client）与 Docker 守护进程（Docker Deamon）使用 REST API 通过 UNIX socket 或网络接口进行通信。Docker 客户端是用户登录并使用容器的统一接口，Docker 守护进程负责构建、运行和分发容器。Docker 客户端和守护进程可以运行在同一台主机上，也可以将 Docker 客户端连接到远程 Docker 守护进程。Docker 客户端主要负责管理容器的生命周期，工具 Docker Compose 允许用户使用由多个容器组成的应用程序。

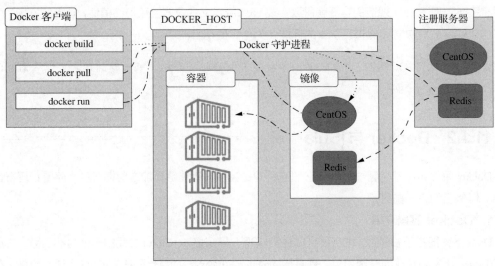

图 11-3　Docker 体系结构

Docker 主要包含以下概念。

（1）Docker 客户端：主要负责和 Docker 守护进程进行通信，用户可以通过客户端登录并访问容器，并通过在客户端输入相关命令如"docker build""docker pull""docker run"，来操作容器。

（2）Docker 守护进程：运行在操作系统上的一个服务，目前支持 Windows、macOS、iOS、Linux 等操作系统。Docker 守护进程是容器的控制中心，其一方面接收来自 Docker 客户端的命令，并按照命令行的需求控制其他部件做相关操作，例如，创建、管理镜像，启动、管理容器，配置容器网络，等等；另一方面，Docker 守护进程是驱动整个 Docker 功能的核心引擎。在功能的实现上，Docker 守护进程涉及容器、镜像、存储等多方面的内容，以及多个模块的实现和交互。

（3）Docker 容器：镜像的实时运行实例。用户可以通过命令与容器进行交互，例如，管理员可以使用 docker 命令调整容器的配置参数和相关设置。

（4）Docker 镜像：包含应用程序的源码，以及应用程序容器化运行所需的所有工具、库文件和依赖项。基于镜像可以启动一个容器实例，并承载具体的应用。

获取镜像通常有两种方法，一种是从零开始构建镜像，另一种是从镜像仓库中下载镜像。用户通常会在共享镜像仓库中下载可用的镜像，但如果共享镜像仓库中没有可用镜像，就需要用户基于基础镜像手动创建所需的镜像。

如图 11-4 所示，镜像由不同的层组成，每层对应镜像的一个版本。每当开发人员对镜像进行更改时，就会创建一个新的顶层文件，并且此顶层文件将替换以前的顶层文件作为镜像的当前版本。更改之前的镜像版本会被保存起来，用于容器出错之后回滚，或者应用到其他的项目中。

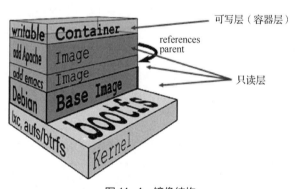

图 11-4　镜像结构

镜像使用的这种分层结构的文件系统通常被称为联合文件系统（Union File System，UnionFS），它是镜像的基础。在联合文件系统中，镜像可以通过分层来继承，最底层的镜像没有继承关系，被称为基础镜像（它没有父镜像），基础镜像一般需要到镜像网站中下载。基础镜像的种类有很多，开发人员需要根据业务需求获取合适版本的镜像。例如，构建一个 Java 应用的镜像，选择一个 OpenJDK 镜像作为基础镜像比选择一个 Alpine 镜像作为基础镜像要简单得多。按照功能，基础镜像可以分为以下几类：操作系统基础镜像（例如 openEuler 基础镜像、CentOS 基础镜像、Ubuntu 基础镜像、Debian 基础镜像等）、编程语言基础镜像（例如 Java 基础镜像、Python 基础镜像、Node.js 基础镜像等）、应用基础镜像（例如 Nginx 基础镜像、Tomcat 基础镜像等）、其他基础镜像（例如

Maven 基础镜像、GitLab 基础镜像）。

在联合文件系统中，每次用镜像创建容器时，都会创建一个名为容器层的新层。对容器所做的更改（如文件的添加或删除）仅保存到容器层，并且容器层仅在容器运行时存在。

bootfs 位于镜像的最底层，这一层和典型的 Linux 操作系统类似，它主要包含 Boot Loader 和内核。当需要使用镜像文件启动容器时，就需要使用 Boot Loader 将容器的内核加载到容器运行主机的内存中，当加载完成之后，内存的使用权就由 bootfs 转交给内核，此时系统也会卸载 bootfs。

（5）Docker 仓库注册服务器：用于管理镜像仓库，起到服务器的作用。仓库注册服务器本身是一个单独的开源项目，企业可使用仓库注册服务器镜像搭建私有仓库。一个仓库注册服务器中可以包含多个镜像仓库，镜像仓库用来集中存储镜像文件。仓库分为公开仓库和私有仓库两种形式。目前最大的公开仓库是 Docker Hub，其中存放了数量庞大的镜像供用户下载。当然，用户也可以在本地网络内创建一个私有仓库。仓库注册服务器支持使用标签管理不同版本的镜像文件。

注意 镜像仓库和仓库注册服务器不能混为一谈。仓库注册服务器中往往存放着多个仓库，每个仓库中又包含多个镜像，每个镜像有不同的标签（Tag）。

（6）Docker Hub：最大的镜像仓库，其中保存了超过 100000 个镜像，Docker Hub 允许商业软件供应商、开源项目和个人开发人员向仓库共享镜像、从仓库下载镜像等。

（7）Dockerfile：镜像构建文件，是构建镜像的文本文件，其中规定了创建镜像需要执行的命令以及相关的配置说明。可以在 Docker 环境中执行相关命令，并按照 Dockerfile 中设置的参数自动构建镜像。

除了使用 Dockerfile 构建镜像之外，也可以在 Docker 客户端界面通过命令行来构建镜像。

如图 11-5 所示，当需要运行一个 Nginx 容器实例时，在 Docker 客户端执行命令 docker run nginx，此时 Docker 守护进程执行该命令，并在本地镜像仓库中寻找是否有名为 Nginx 的镜像；当在本地未能找到可用镜像时，Docker 守护进程会从远程仓库注册服务器下载 Nginx 镜像到本地；镜像下载完成之后，就会使用 Nginx 镜像启动一个 Nginx 容器，当 Nginx 容器启动成功之后，用户可以正常访问 Nginx 应用并做相关操作。

```
[root@ openeuler ~]# docker run nginx
Unable to find image 'nginx:latest' locally
Trying to pull repository docker.io/library/nginx ...
latest: Pulling from docker.io/library/nginx
461246efe8a7: Downloading [=>                          ] 642.3 kB/31.37 MB
060bfa6be22e: Downloading [=======>                    ] 3.136 MB/25.35 MB
b34d5ba6fa9e: Download complete
8128ac56c745: Waiting
44d36245a8c9: Waiting
ebcc2cc821e6: Waiting
```

图 11-5 运行 Nginx 容器

3. iSula 容器介绍

Docker 得到广泛使用的同时暴露出了一些问题，比如，在某些边缘计算场景中 Docker 容器依然过于笨重，Docker 容器的安全隔离机制也有待完善。为了解决 Docker 容器暴露出的问题，iSula 容器应运而生。

iSula 原是一种生活在中南美洲亚马孙丛林中蚂蚁的名字，学术上称这种蚂蚁为"子弹蚁"，因为被它咬一口，会产生如被子弹击中一般的疼痛，它是世界上最强大的昆虫之一。正是借鉴了 iSula 蚂蚁"小个头，大能量"的特点，华为容器化解决方案被命名为 iSula。iSula 是全量的容器软件栈，包括引擎、网络、存储、工具集与容器操作系统。

目前 iSula 家族提供了 iSula 容器引擎、isula-build 镜像构建工具和 isula-transform 容器迁移工具 3 种组件。iSula 容器引擎基于 OCI 规范，负责提供容器生命周期的管理功能，例如，镜像的传输和存储、容器执行和监控管理、容器资源管理以及网络管理等。isula-build 镜像构建工具支持通过 Dockerfile 快速构建镜像。isula-transform 容器迁移工具支持 Docker 容器冷迁移至 iSula 容器的功能。

iSula 容器底层实现操作系统级虚拟化（进程隔离和管理）的原理和 Docker 容器的相似，两种容器解决方案面向用户侧的操作命名在很大程度上也是类似的。但 iSula 是一种新的容器解决方案，相较于用 Go 语言编写的 Docker，iSula 轻量级容器使用 C/C++实现，具有轻量化、运行快、易使用、场景可切换的特点。

- 轻量化：iSula 可以部署在端侧设备上，例如，智能摄像头等物联网设备可使用容器化技术在设备上部署应用，从而实现快速切换应用算法或更新应用版本的目的。部署在物联网等资源敏感型场景中的 iSula，使用的系统资源一般小于 15MB，再配合特殊的轻量化镜像一起使用，能够在一定程度上减少系统资源的开销。

- 运行快：iSula 采用 C/C++语言开发，Docker 容器基于 Go 语言开发，在同等条件下，用 C/C++语言开发的应用程序的运行速度通常比用 Go 语言开发的应用程序的速度快。因此，从理论上讲，iSula 的运行速度会更快，此外 iSula 还采用调用函数库的方式来加快应用执行速度。同时，iSula 继承了 LXC 高并发的特性。

- 易使用：iSula 容器具有专有的 isula-transform 容器迁移工具，支持将 Docker 容器引擎管理的容器转换、迁移给 iSula 容器引擎进行管理，简化容器应用迁移工作。

- 场景可切换：iSula 容器引擎支持安全容器、普通容器、系统容器等运行模式，支持按照应用部署场景切换容器形态。安全容器是虚拟化技术和容器技术的有机结合，相较于普通容器，安全容器具有更好的隔离性。普通容器利用命令空间进行进程运行环境的隔离，并使用 cgroup 进行资源限制；因此普通容器本质上共用同一个内核，单个容器如果影响到内核，就会影响到整台宿主机上的容器。安全容器使用虚拟化层进行容器间的隔离，同一台主机上不同容器间的运行互相不受影响。系统容器主要应对在重计算、高性能、大并发的场景下，重型应用和业务云化的问题。相较于虚拟机技术，系统容器可直接继承物理机特性。从系统资源分配来看，系统容器在有限资源上相较于虚拟机可分配更多计算单元、降低成本；系统容器可以提升产品的差异化竞争力，提供计算密度更高、价格更便宜、性能更优良的计算单元实例。

> **说明** 在 Docker 开发者大会上，Docker 和 Linux 基金会公布了开放容器项目（Open Container Project）。由于该项目成立之后整体发展较好，在之后的 O'Reilly Media 开源大会（O'Reilly Open Source Convention，OSCON）上，Linux 基金会的执行董事宣布该项目更名为"开放容器计划"。该项目旨在建立一个围绕容器的通用标准。

容器管理

Docker 容器和 iSula 容器的操作命令和使用逻辑在很大程度上是一致的。本节以 iSula 容器为例展示 iSula 容器的环境配置和基本操作命令的用法。

11.2.1　iSula 容器环境配置与容器管理

iSula 容器引擎可以通过 yum 或 rpm 命令安装，由于 yum 命令会自动安装依赖，而 rpm 命令需要手动安装所有依赖，所以推荐使用 yum 命令安装。

【示例 11-1】

```
#使用 yum 命令安装 iSula 容器引擎
[root@openeuler ~]# yum install -y iSulad
# 在启动服务的时候，直接通过命令行进行配置。其配置选项可通过--help 查阅
[root@openeuler ~]# isulad --help
lightweight container runtime daemon
Usage:  isulad [global options]
GLOBAL OPTIONS:
    --authorization-plugin        Use authorization plugin
    --cgroup-parent               Set parent cgroup for all containers
    --cni-bin-dir                 The full path of the directory in which to
search for CNI plugin binaries. Default: /opt/cni/bin
    --cni-conf-dir                The full path of the directory in which to
search for CNI config files. Default: /etc/cni/net.d
    --default-ulimit              Default ulimits for containers (default [])
  -e, --engine                    Select backend engine
...
```

【示例 11-2】

```
#配置 iSula 容器的镜像源
#安装 JSON 格式数据处理工具，以便能够打开 iSula 容器的镜像配置文件
[root@openeuler ~]# yum install -y jq
```
#设置/etc/isulad/daemon.json 文件中 "registry-mirrors" 字段的值为 "hub.oepkgs.net"。hub.oepkgs.net 为 openEuler 社区与中国科学院软件研究所共建的、开源的镜像仓库。配置完成之后保存并退出
```
[root@openeuler ~]# vi /etc/isulad/daemon.json
...
    "registry-mirrors": [
 "hub.oepkgs.net"
    ],
...
```
#重启 iSula，使配置生效
```
[root@openeuler ~]# systemctl restart isulad
```

isula ps 命令用于查询所有容器的信息。

命令格式：

```
isula ps [选项]
```

其常见选项及功能说明如表 11-1 所示。

表 11-1　isula ps 命令常见选项及功能说明

选项	功能说明
-a, --all	显示所有的容器信息
-q, --quiet	只显示容器名字
--format	按照模板声明的方式输出数据
--no-trunc	不对容器 ID 进行截断输出

【示例 11-3】

```
#查询所有容器信息
[root@openeuler ~]# isula ps -a
CONTAINER ID  IMAGE  COMMAND  CREATED  STATUS PORTS  NAMES
```

　　isula create 命令用于创建新的容器。容器引擎会使用指定的镜像创建容器读写层，或者使用指定的本地 rootfs 作为容器的运行环境。容器创建完成后，会将容器 ID 输出到标准输出，后续可以使用 isula start 命令启动容器。新创建的容器状态为 inited。

　　命令格式：

```
isula create [选项] IMAGE [命令] [参数...]
```

　　其常见选项及功能说明如表 11-2 所示。

表 11-2　isula create 命令常见选项及功能说明

选项	功能说明
--help	输出帮助信息
-h, --hostname	设置容器主机名称
-m, --memory	设置内存限制
--mount	挂载主机目录/卷/文件系统到容器中
--name=NAME	设置容器名

【示例 11-4】

```
#创建一个新容器
[root@openeuler ~]# isula create busybox
Unable to find image 'busybox' locally
Image "busybox" pulling
Image " fd7376591a9c3d8ee9a14f5d2c2e5255b02cc44cddaabca82170efd4497510e1" pulled
fd7376591a9c3d8ee9a14f5d2c2e5255b02cc44cddaabca82170efd4497510e1
[root@openeuler ~]# isula ps -a
CONTAINER ID IMAGE    COMMAND CREATED        STATUS  PORTS   NAMES
7f3abc4b8612 busybox  "sh"    28 minutes ago Created         fd7376591a9...
```

　　isula start 命令用于启动一个或多个容器。

　　命令格式：

```
isula start [选项] CONTAINER [容器...]
```

　　其常见选项及功能说明如表 11-3 所示。

表 11-3　isula start 命令常见选项及功能说明

选项	功能说明
-H, --host	指定要连接的 iSulad socket 文件路径
-R, --runtime	容器运行时，支持轻量级容器运行时（lcr）并忽略大小写，因此"LCR"和"lcr"是等价的

【示例 11-5】

```
#启动一个新容器
[root@openeuler ~]# isula start 7f3abc4b8612
[root@openeuler ~]# isula ps -a
CONTAINER ID IMAGE    COMMAND CREATED        STATUS        PORTS    NAMES
7f3abc4b8612 busybox  "sh"    29 minutes ago Exited(0) 9 seconds ago        fd7...
```

isula run 命令用于创建新的容器，它使用指定的镜像创建容器读写层，并且为运行指定的命令做好准备。容器创建完成后，使用指定的命令启动该容器。isula run 命令等效于 isula create 和 isula start 命令。

命令格式：

```
isula run [选项] ROOTFS|IMAGE [命令] [参数...]
```

其常见选项及功能说明如表 11-4 所示。

表 11-4　isula run 命令常见选项及功能说明

选项	功能说明
--help	输出帮助信息
-h, --hostname	设置容器主机名称
-i	即使没有连接到容器的标准输入，也要保持容器的标准输入打开
-t	分配伪终端
-d	后台运行容器并输出容器 ID
--name=NAME	设置容器名

【示例 11-6】

```
#运行一个新容器
[root@openeuler ~]# isula run -itd busybox
9c2c13b6c35f132f49fb7ffad24f9e673a07b7fe9918f97c0591f0d7014c713b
#查看容器运行状态，会发现容器状态为 UP，表明容器在持续运行中
[root@openeuler ~]# isula ps -a
CONTAINER ID IMAGE    COMMAND CREATED       STATUS PORTS      NAMES
7f3abc4b8612 busybox  "sh"    9 seconds ago UP 9   seconds ago        23dbd...
```

isula stop 命令用于停止一个或多个容器的运行。若向容器中的首进程发送 SIGTERM 信号，在指定时间（默认为 10s）内容器未停止运行时，会发送 SIGKILL 信号。

命令格式：

```
isula stop [选项] CONTAINER [容器...]
```

其常见选项及功能说明如表 11-5 所示。

表 11-5　isula stop 命令常见选项及功能说明

选项	功能说明
-f, --force	强制停止正在运行的容器
-H, --host	指定要连接的 iSulad socket 文件路径
-t,--time	先正常停止运行的容器，超过指定时间后，则强制停止运行容器

【示例 11-7】

```
#停止一个容器的运行
#查看容器 ID
[root@openeuler ~]# isula ps
CONTAINER ID  IMAGE      COMMAND     CREATED      STATUS        PORTS     NAMES
7f3abc4b8612  busybox    "sh"        9 seconds ago
UP 9 seconds ago          23dbd...
#停止容器的运行，容器 ID 不用写全，只要全局唯一即可
[root@openeuler ~]# isula stop 7f3
fd7376591a9c3d8ee9a14f5d2c2e5255b02cc44cddaabca82170efd4497510e1
#停止容器的运行之后，可以看到在容器列表中容器已经停止运行
[root@openeuler ~]# isula ps
CONTAINER ID IMAGE      COMMAND      CREATED      STATUS        PORTS     NAMES
7f3abc4b8612  busybox   "sh"         9 minutes    ago
Exited(0)seconds ago          23d...
```

isula kill 命令用于强制停止一个或多个容器的运行。

命令格式：

```
isula kill [选项] CONTAINER [容器...]
```

其常见选项及功能说明如表 11-6 所示。

表 11-6　isula kill 命令常见选项及功能说明

选项	功能说明
-H, --host	指定要连接的 iSulad socket 文件路径
-s, --signal	指定发送给容器的信号

【示例 11-8】

```
# 强制停止一个容器
[root@openeuler ~]# isula kill fd7376591a9c3d8ee9a14f5d
fd7376591a9c3d8ee9a14f5d2c2e5255b02cc44cddaabca82170efd4497510e1
```

isula rm 命令用于删除一个或多个容器。

命令格式：

```
isula rm [选项] CONTAINER [容器...]
```

其常见选项及功能说明如表 11-7 所示。

表 11-7　isula rm 命令常见选项及功能说明

选项	功能说明
-f, --force	强制删除正在运行的容器
-H, --host	指定要连接的 iSulad socket 文件路径
-v, --volume	删除挂载在容器上的卷

【示例 11-9】

```
#删除一个处于停止状态的容器
#通过命令可以在容器列表中看到处于停止状态的容器
[root@openeuler ~]# isula ps -a
CONTAINER ID IMAGE    COMMAND      CREATED              STATUS          PORTS     NAMES
7f3abc4b8612  busybox  "sh"         9 seconds ago        UP 9 seconds ago          23dbd...
#使用 rm 命令彻底删除指定容器
[root@openeuler ~]# isula rm fd7376591a9c3d
fd7376591a9c3d8ee9a14f5d2c2e5255b02cc44cddaabca82170efd4497510e1
#删除之后，在容器列表中无法看到相应容器
[root@openeuler ~]# isula ps -a
CONTAINER ID  IMAGE   COMMAND   CREATED    STATUS    PORTS    NAMES
```

isula exec 命令用于在运行的容器中执行一个新命令，新命令将在容器的默认目录中执行。如果基础镜像指定了自定义目录，则新命令将在指定目录中执行。

命令格式：

```
isula exec [选项] CONTAINER COMMAND [参数...]
```

其常见选项及功能说明如表 11-8 所示。

表 11-8　isula exec 命令常见选项及功能说明

选项	功能说明
-d, --detach	后台运行命令
-u, --user	指定用户登录容器执行命令

【示例 11-10】

```
#在运行的容器中执行 echo 命令
[root@openeuler ~]# isula exec c75284634bee echo "hello,world"
hello,world
```

isula inspect 命令用于查询容器的详细信息。

命令格式：

```
isula inspect [选项] CONTAINER|IMAGE [容器|镜像...]
```

其常见选项及功能说明如表 11-9 所示。

表 11-9　isula inspect 命令常见选项及功能说明

选项	功能说明
-H, --host	指定要连接的 iSulad socket 文件路径
-f, --format	使用模板格式化输出信息
-t, --time	用于设置超时的秒数，若在该时间内 isula inspect 命令未执行成功，则停止等待并立即报错，默认为 120s。当配置小于等于 0 的值时，表示不启用超时机制，isula inspect 命令会一直等待，直到成功获取并返回容器信息

【示例 11-11】

```
#查询容器信息
[root@openeuler ~]# isula inspect c75284634bee
[
    {
```

```
        "Id": "c75284634beeede3ab86c828790b439d16b6ed8a537550456b1f94eb852c1c0a",
        "Created": "2019-08-01T22:48:13.993304927-04:00",
        "Path": "sh",
        "Args": [],
        "State": {
...
```

isula restart 命令用于重启一个或者多个容器。

命令格式：

```
isula restart [选项] CONTAINER [容器...]
```

其常见选项及功能说明如表 11-10 所示。

表 11-10　isula restart 命令常见选项及功能说明

选项	功能说明
-H, --host	指定要连接的 iSulad socket 文件路径
-t, --time	先正常退出，超过指定时间，则强行终止

【示例 11-12】

```
#重启单个容器
[root@openeuler ~]# isula restart c75284634beeede
 c75284634beeede3ab86c828790b439d16b6ed8a537550456b1f94eb852c1c0a
```

isula top 命令用于查看容器中的进程信息，仅支持 runtime 为 lcr 的容器。

命令格式：

```
isula top [选项] container [ps 参数]
```

其常见选项及功能说明如表 11-11 所示。

表 11-11　isula top 命令常见选项及功能说明

选项	功能说明
-H, --host	指定要连接的 iSulad socket 文件路径
/	查询运行容器的进程信息

【示例 11-13】

```
#查看容器运行信息
[root@openeuler ~]# isula top 21fac8bb9ea8e0be4313c8c
UID        PID PPID  C   STIME TTY      TIME        CMD
root     22166 22163 0   23:04 pts/1    00:00:00    sh
```

isula images 命令用于列出当前环境中的所有镜像。

命令格式：

```
isula images [选项]
```

其常见选项及功能说明如表 11-12 所示。

表 11-12　isula images 命令常见选项及功能说明

选项	功能说明
-H, --host	指定要连接的 iSulad socket 文件路径
-q, --quit	只显示镜像名字

【示例 11-14】

```
#列出镜像
[root@openeuler ~]# isula images
REPOSITORY        TAG          IMAGE ID       CREATED              SIZE
busybox           latest   cabb9f684f8b      202x-10-28 01:19:45   1.393 MB
```

isula rmi 命令用于删除镜像，即从本地保存的镜像中删除指定的镜像。

命令格式：

```
isula rmi [选项] IMAGE [镜像...]
```

常见选项及功能说明如表 11-13 所示。

表 11-13　isula rmi 命令常见选项及功能说明

选项	功能说明
-H, --host	指定要连接的 iSulad socket 文件路径
-f, --force	强制删除镜像

【示例 11-15】

```
#删除镜像
#注意：删除镜像之前需要先将使用镜像创建的容器删除，否则删除会失败
[root@openeuler ~]# isula rmi busybox
Image "busybox" removed
```

11.2.2　iSula 镜像管理

isula-build 是 iSula 容器团队推出的镜像构建工具，支持通过 Dockerfile 快速构建镜像。

示例 11-16 是一个典型的 Dockerfile 样例，从中可以看到 Dockerfile 的本质是容器引擎为了构建镜像需要执行的指令列表。

【示例 11-16】

```
#使用容器部署 Redis 缓存服务的 Dockerfile
#使用 openeuler:20.09 基础镜像
FROM openeuler/openeuler:20.09
#工作目录为/home 目录
WORKDIR /home
#下载并安装 Redis。下载 Redis 源码，解压之后使用 make 命令编译安装 Redis
RUN wget https://repo.huaweicloud.com/redis/redis-4.0.3.tar.gz && \
#安装镜像需要使用的工具
RUN yum install -y wget tar gcc make
#解压软件包
tar -xvzf redis-4.0.3.tar.gz && \
#重命名文件
mv redis-4.0.3/ redis && \
#删除原文件
rm -f redis-4.0.3.tar.gz
#指定工作目录
WORKDIR /home/redis
```

```
#避免由于多次运行产生的过程文件的影响
RUN make distclean
#编译并安装 Redis
RUN make MALLOC=libc
RUN make install
Volume /data
#开启 6379 端口
EXPOSE 6379
#指定当启动容器时执行的脚本文件
CMD ["redis-server"]
```

Dockerfile 中常用的指令如表 11-14 所示。

表 11-14　Dockerfile 中常用的指令

指令	作用	指令格式
FROM	指定基础镜像	FROM <image>:<tag>
MAINTAINER	注明镜像的作者	MAINTAINER <name>
RUN	运行指定的命令	RUN <command>
ADD	将文件从编译环境添加到镜像中	ADD [--chown=<user>:<group>] <src>... <dest>
COPY	将文件从编译环境复制到镜像中	COPY [--chown=<user>:<group>] <src> ... <dest>
ENV	设置环境变量	ENV <key> <value>
EXPOSE	指定容器中应用监听的端口	EXPOSE <port> [<port>/<protocol>...]
USER	设置启动容器的用户	USER <user>[:<group>]
CMD	设置在容器启动时运行的脚本或命令	CMD command param1 param2
ENTRYPOINT	指定一个可执行的脚本或者程序的路径	ENTRYPOINT command param1 param2
VOLUME	将文件或目录声明为卷并挂载到容器中	VOLUME ["/data"]
WORKDIR	设置镜像的当前工作目录	WORKDIR /path/to/workdir

isula-build 采用服务端/客户端模式，其中，isula-build 为客户端，提供了一组命令行工具，用于镜像构建及管理等；isula-builder 为服务端，用于处理客户端管理请求，作为守护进程常驻后台。

【示例 11-17】

```
#使用 yum 命令安装 isula-build
#在安装 isula-build 之前应该先检查 yum 源
[root@openeuler ~]# tail -n 6 /etc/yum.repos.d/openEuler_x86_64.repo
[update]
name=update
baseurl=http://repo.openeuler.org/openEuler-20.03-LTS/update/$basearch/
enabled=0
gpgcheck=1
gpgkey=http://repo.openeuler.org/openEuler-20.03-LTS/OS/$basearch/RPM-GPG-
KEY-openEuler
#使用 Vim 编辑器将文件中[update]部分的 enable=0 改为 enable=1 并保存
[root@openeuler ~]# vim /etc/yum.repos.d/openEuler_x86_64.repo
```

205

```
#安装 isula-build
[root@openeuler ~]# yum install -y isula-build
#将 hub.oepkgs.net 加入 isula-build 可搜索的镜像仓库列表里
#使用 Vim 编辑器打开/etc/isula-build/registries.toml 配置文件,并将 hub.oepkgs.net 加
入 registries 字段中
[root@openeuler ~]# vim /etc/isula-build/registries.toml
...
[registries.search]
registries = ["hub.oepkgs.net"]
...
#安装 docker-runc
[root@openeuler ~]# yum install -y docker-runc
#可以通过如下 systemd 标准指令控制 isula-build 服务的启动、停止、重启等
#启动 isula-build 服务
[root@openeuler ~]# systemctl start isula-build.service
#停止 isula-build 服务
[root@openeuler ~]# systemctl stop isula-build.service
#重启 isula-builder 服务
[root@openeuler ~]# systemctl restart isula-build.service
```

isula-build 将所有镜像管理相关命令划分在 ctr-img 命令下。ctr-img 常见的子命令包括 build、images、import、load、rm、save、tag、pull、push 等命令。

命令格式:

```
isula-build ctr-img [子命令]
```

ctr-img 的子命令 build 用于构建镜像。

命令格式:

```
isula-build ctr-img build [选项]
```

其中 build 子命令的选项及功能说明如表 11-15 所示。

表 11-15 build 子命令的选项及功能说明

选项	功能说明
--build-arg:string	指定构建过程中需要用到的变量
-f, --filename:string	指定 Dockerfile 的路径,若不指定则使用当前路径的 Dockerfile
--tag:string	设置构建成功的镜像的标签值
-o, --output:string	指定镜像导出的方式和路径
--iidfile:string	输出镜像 ID 到本地文件

【示例 11-18】

```
#创建一个 Redis 缓存 Dockerfile
[root@openeuler ~]# vim Dockerfile
FROM openeuler/openeuler:20.09
WORKDIR /home
RUN yum install -y wget tar gcc gcc make
RUN wget https://repo.huaweicloud.com/redis/redis-4.0.3.tar.gz && \
tar -xvzf redis-4.0.3.tar.gz && \
mv redis-4.0.3/ redis && \
```

```
rm -f redis-4.0.3.tar.gz
WORKDIR /home/redis
RUN make distclean
RUN make MALLOC=libc
RUN make install
Volume /data
EXPOSE 6379
CMD ["redis-server"]
#开放 Dockerfile 访问权限
[root@openeuler ~]# chmod +x Dockerfile
[root@openeuler ~]# isula-build ctr-img build
STEP  1: FROM openeuler/openeuler:20.09
STEP  2: WORKDIR /home
STEP  3: RUN yum install -y wget tar gcc gcc-c++ net-tools make
OS                                 1.6 MB/s | 2.9 MB      00:01
everything                         1.6 MB/s | 13 MB       00:08
EPOL                               2.3 MB/s | 962 KB      00:00
...

Writing manifest to image destination
Storing signatures
Committed stage 0 with ID:
6c370c64f01acb249a385f4d7f4a5514ddbb04968a91f3748ba6bd5372241c0b
 Build success with image id:
6c370c64f01acb249a385f4d7f4a5514ddbb04968a91f3748ba6bd5372241c0b
```

ctr-img 的子命令 images 用于查看当前本地持久化存储的镜像。

【示例 11-19】

```
#通过 images 子命令查看当前本地持久化存储的镜像
[root@openeuler ~]# isula-build ctr-img images
REPOSITORY         TAG            IMAGE ID         CREATED               SIZE
<none>             <none>         d4c87c65352d     202x-07-26 08:34:24   889 MB
```

说明　通过 isula-build ctr-img images 查看的镜像大小与 Docker 镜像的显示大小有一定差异。这是因为统计镜像大小时，isula-build 直接计算每层.tar 包的大小之和，而 Docker 通过解压.tar 遍历 diff 目录计算镜像大小之和，因此两者的大小存在差异。

可使用 ctr-img tag 命令给本地持久化存储的镜像打标签。

【示例 11-20】

```
#给本地持久化存储的镜像打标签
[root@openeuler ~]# isula-build ctr-img images
REPOSITORY         TAG            IMAGE ID         CREATED                 SIZE
<none>             <none>         d4c87c65352d     202x-07-26 08:34:24       889 MB
[root@openeuler ~]# isula-build ctr-img tag d4c87c65352d redis:v1
[root@openeuler ~]# isula-build ctr-img images
REPOSITORY         TAG            IMAGE ID         CREATED                 SIZE
redis              v1             d4c87c65352d     202x-07-26 08:34:24       889 MB
```

可通过 ctr-img 的子命令 rm 删除当前本地持久化存储的镜像。

【示例 11-21】

```
#删除本地持久化存储的镜像，-p 表示删除所有没有标签的本地持久化存储的镜像
[root@openeuler ~]# isula-build ctr-img rm -p
Deleted:
sha256:78731c1dde25361f539555edaf8f0b24132085b7cab6ecb90de63d72fa00c01d
Deleted:
sha256:eeba1bfe9fca569a894d525ed291bdaef389d28a88c288914c1a9db7261ad12c
```

11.3 本章练习

1. 容器技术是否能够完全替代基于 Hypervisor 的虚拟化技术？
2. 如何编写一个用于创建 Nginx 应用镜像的 Dockerfile？